초등
자존감
수업

불안을 이기는 엄마가
아이의 자존감을 키운다

윤지영(오뚝이샘) 지음

# 초등
# 자존감
# 수업

카시오페아
Cassiopeia

왜 엄마표 자존감인가?

직업이 교사임에도 불구하고 나는 두 아이를 내 손으로 가르쳐본 적이 없다. 엄마표 영어, 엄마표 독서, 엄마표 수학, 어떤 엄마표 학습도 해준 게 없다. 어디 학습뿐인가. 집밥도 해 먹인 적이 많지 않고 소풍 도시락도 싸주지 못했다. 그럼 열 살과 여섯 살 두 아이의 엄마인 나는 그동안 뭘 해왔던 걸까?

내가 10년 동안 꾸준히 해온 엄마표는 바로 자존감 교육이다.

아이의 공부를 봐줄 사람은 엄마 외에도 많다. 공부는 학교에서도 하고, 학원에서도 한다. 공부 습관 형성도, 성적 관리도 꼭 엄마의 손을 거쳐야 하는 것은 아니다.

하지만 자존감은 다르다. 아이의 성적을 관리해주는 곳은 있지만, 아이의 자존감을 관리해주는 곳은 없기 때문이다. 결국 자존감 키우기의 주체는 가정이 되어야 한다. 아이의 자존감은 학교에서도 자라지만, 자존감 형성의 뿌리는 가정에 있다. 친구나 선생님도 아이에게 중요한 영향을 미치지만, 결정적인 영향을 미치는 사람은 집에서 언제나 함께하는 가족, 그중에서도 아이와 가장 가까운 사람이기 때문이다.

행복한 아이란, 모든 것을 갖추고 있는 아이가 아니라 긍정적인 자세로 자신을 바라볼 줄 아는 아이다. 조건이나 환경에 흔들리지 않는 긍정적인 자기 확신을 지닌 아이는, 스스로에게 만족하고 자신을 사랑하며 그 힘으로 남도 사랑한다.

엄마표 영어 교육, 엄마표 독서 교육 등이 일차적으로 아이의 능력에 초점을 맞추고 있다면, 엄마표 자존감 교육은 공부를 못해도 기죽지 않고, 잘해도 으스대지 않는 아이 즉, 행복하고 단단한 아이를 목표로 한다.

'아이의 자존감'을 다룰 때 항상 기억해야 할 것은 바로 '아이가 주인공'이라는 사실이다. 부모가 나서서 아이의 문제를 해결해주고, 실패를 예상해서 미리 막아주는 방식이 위험한 것은, 그 과정에서 아이를 제치고 '부모가 주인공'이 되어버리기 때문이다.

자존감을 키워준다는 것은, 스스로 주인공인 줄 모르던 아이에게 '네가 주인공'이라는 것을 일깨워주고, 삶의 주인으로 우뚝 설 수 있게 도와준다는 의미다.

그러니 비교하고 불안해하는 대신 한 걸음 물러서서 아이를 지켜보자. 물러서서 있다 보면 늘 조마조마하기 마련이다. 실수할까, 넘어질까 전전긍긍할 때도 있다. 그럼에도 불구하고 아이의 손목을 잡고 끌고 가지 않는 것, 아이보다 앞서지 않는 것, 아이의 속도에 맞추어 가는 것이 바로 엄마표 자존감 교육의 핵심이다.

이 책은 초등학령기 아이의 자존감 키우기에 관한 방법론을 담고 있지만, 엄마로서의 나의 성장기도 함께 담겨 있다. 14년차 교사인 나 역시 아이의 초등생활은 쉽지 않았다. 그때만큼은 교사가 아닌 엄마의 입장이었기 때문이다. 그래서 이 책을 쓸 때도 교사의 시선이 아닌 엄마의 시선을 유지하고자 노력했다.

책 속에서는 편의상 엄마표 자존감 교육이라는 말을 썼지만, 사실 엄마뿐 아니라 아빠나 조부모 등 아이를 가까이에서 지켜보는 주양육자라면 누구나 아이의 자존감에 지대한 영향을 끼칠 수 있다. 그러니 이 책을 읽는 누구라도 '아이의 자존감'에 대해 편견 없이 떠올려볼 수 있기를 바란다.

동시에 초등학교 현장에서 빈번하게 일어나는 사례를 다양하게 재구성해서 실었고, 아이들의 발달단계를 고려해 특별히 저학년과 고학년 파트로 나누었다. 저학년은 1~2학년, 고학년은 5~6학년을 기준으로 했는데, 3~4학년은 아이의 기질이나 성향에 따라 저학년의 특성이 이어지는 경우와 고학년의 특성이 새롭게 나타나는 경우가 있으므로 양쪽을 다 참고해볼 만하다.


　모든 부모, 그중에서도 초등학생 자녀를 둔 엄마는 매일매일이 불안함의 연속이다. 친구와의 관계는 어떨지, 수업시간에 집중은 잘할지, 혹시나 무리에서 떨어져 외로워하지는 않을지… 하지만 아무리 걱정된다고 해도 아이를 따라 교실 안으로 들어갈 수는 없다. 친구랑 잘 지내라고 가르쳐줄 수는 있어도, 아이의 친구 관계 속으로 비집고 들어갈 수는 없다.

　그러니 아이의 자존감을 키우려면 엄마가 먼저 시시각각 다가오는 불안감을 이겨내야 한다. 불안을 이기는 만큼 엄마의 믿음이 커지고, 딱 그만큼 아이의 자존감도 자란다. 당장 눈에 띄는 결과나 성과가 없을지라도 아이에 대한 믿음의 끈을 놓지 않는다면 아이는 시나브로 자랄 것이다.

차례

**5교시**

**초등
공부
자존감**

**6교시**

## 초등
## 자존감
## 실전
## 교육

1교시

# 엄마표 자존감 교육

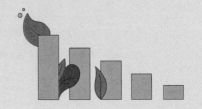

## 엄마가 키우는 초등 자존감

"선생님, 짝꿍이 바보라고 놀려요!"

똑같은 놀림을 들었을 때도 아이들의 반응은 제각각이다. 서러운 울음을 터뜨리는 아이가 있는가 하면 "나 바보 아니거든~." 하며 별일 아닌 듯 넘기는 아이도 있다. 좋지 않은 시험 결과를 마주할 때도 마찬가지다. 어떤 아이는 '나는 원래 못하는 아이, 해도 안 되는 아이'라며 낮은 시험 점수를 당연하게 여기고, 어떤 아이는 '이번이 끝이 아니야, 나는 할 수 있어!'라며 각오를 다진다. 이렇게 아이마다 상반된 반응을 보이는 이유는 무엇일까? 그 배경에는 아이의 자존감이 자리하고 있다.

자존감이란 스스로에게 매기는 나의 평가다. 평가 대상도, 평가 주체도 자신이다. '나는 무엇이든 할 수 있다'는 자신감과 '좋은 결과를 내지 못해도 나는 소중한 존재'라는 자기가치감이, 아이의 자존감을 결정한다.

자신감은 성공과 성취를 통해 생긴다. 예를 들어, 수학 시험에서 연달아 100점을 받으면 수학에 대한 자신감이 생긴다. 다른 사람의 인정으로부터 얻는 만족감이 자신감이므로, 부모나 선생님, 친구들로부터 칭찬과 긍정적인 피드백, 인정을 받을 때도 자신감은 높아진다.

반면, 자기가치감은 결과에 상관없이 있는 모습 그대로를 귀하게 여기는 마음이다. 실수하고 잘못한 것은 인정하되 그럼에도 불구하고 자신을 사랑하는 태도다. 반장 선거에서 떨어지더라도 다음 기회가 있으니 괜찮다는 생각, 당장은 실패했지만 노력하면 나도 해낼 수 있다는 믿음이 바로 자기가치감이다.

이처럼 성공해본 경험은 자신감을 만들고, 실패를 극복한 경험은 자기가치감을 키운다. 그리고 이 두 가지 요소를 적절히 갖췄을 때, 아이는 자신만의 안전지대인 자존감을 갖게 된다. 자기가치감이라는 뿌리와 자신감이라는 열매가 자존감이라는 나무를 아름답고 풍성하게 만들어주는 것이다.

### 단단하게 보여도 사실은 연약한 아이들

교실에서 해바라기를 키운 적이 있다. 그저 창가에 두었을 뿐인데 하루가 다르게 무럭무럭 자라는 해바라기를 보며 나도, 아이들도 무척 신기해했다. 그런데 위로 자랄수록 줄기가 휘어지기 시작했다. 지지대를 만들어 받쳐 보았지만, 가늘고 약한 줄기는 결국 쓰러져 꺾이고 말았다. 높이 뻗어 나가는 모습을 보는 것은 즐거웠지만, 힘없이 쓰러지는 모습을 지켜보는 것은 안타까웠다. 꺾인 해바라기를 흙 속에서 뽑아내자 줄기만큼이나 가는 뿌리가 쑥 하고 뽑혀져 나왔다.

그 모습을 보고 생각했다. 성취만 경험하면서 자란 아이들의 자존감이 이런 모습이지 않을까, 겉보기에는 화려하지만 실제로는 연약한 뿌리를 지니고 있지는 않을까 생각했다.

아이가 꽃 피우는 걸 지켜보는 마음은 흐뭇하다. 성공에 대한 칭찬을 듣는 것도 기쁘다. 문제는 그러한 이유 때문에 시간이 흐를수록 성취에만 몰두하게 된다는 데 있다. 자기가치감이야말로 자존감의 뿌리인데, 어느 순간 우선순위가 뒤로 밀리게 된다.

사실 자신감은 엄마가 만들어주는 성공을 통해서도 어느 정도 세워진다. 그러나 자기가치감은 인위적인 성공, 실패를 회피하는 태도를 통해서는 자랄 수 없다. 결핍에도 꿋꿋하고, 실패해도 좌절하지 않는 단단한 마음은 실패를 이겨내는 경험을 통해서만 서서히 자라나기 때문이다.

아이에게는 성공 경험도, 실패 경험도 모두 다 필요하다. 실패 경험을 인위적으로 제거하지 않고 자연스럽게 놔두면 어느새 아이는 그 두 경험 사이에서 스스로 균형을 잡게 된다.

## 초등 자존감이 중요한 이유

영유아기 때 부모와의 애착이 안정적인 아이들은 자존감의 토대도 탄탄하다고 한다. 그런데 영유아기 애착을 기반으로 본격적으로 자존감을 다지고 쌓아가는 시기는 바로 초등학령기다. 유아기까지 부모의 전적인 사랑을 통해 스스로를 제일이라 여겼던 아이들도, 학령기에 들어서서 공동체 생활을 접하면 비로소 객관적인 자신의 위치를 자각한다. 공부라는 과업을 통해 좋든 싫든 비교가 되고 교우관계의 어려움도 겪으면서 자존감의 기복을 겪는다. 친구가 없어서 풀이 죽고, 시험을 못 봐서 기를 못 펴는 날이 생긴다.

하지만 이러한 경험들은 자존감을 단단하게 만들어주는 힘이 된다. 적절한 성공 경험과 실패 경험을 반복하면서 아이들은 부서지기 쉬운 자신감 대신 유연하면서도 부러지지 않는 자존감을 갖게 되기 때문이다.

### 자존감 높은 아이, 자존감 낮은 아이

자존감이 높은 사람은 자신감과 자기가치감 둘 다 높다. 자신의 유능함을 알지만, 한계도 인정한다. 성공적인 삶을 위해 노력하지만 실패해도 괜찮다고 여긴다. 도전하는 것을 두려워하지 않고, 실패해도 쉽게 낙담하지 않는다.

반면 자존감이 낮은 사람은 실패에 대한 두려움이 크다. 실패할 것 같으면 시도하지 못한다. 일이나 인간관계에서 실패를 겪으면 실패한 인생으로 여기며 낙담한다. 다른 사람의 평가에 민감하고, 안 좋은 평판에 곧잘 상처받는다.

그럼 초등학생의 자존감은 어떨까? 초등학령기의 자존감은 반복적인 성공과 실패의 경험을 통해 기복을 겪다가 고학년에 이르러서야 조금씩 유의미한 차이를 보인다.

이때 공부를 잘한다고 해서, 인기가 많다고 해서 자존감이 높은 아이라고 단정 지을 수는 없다. 그보다는 실패를 받아들이는 자세에서 결정적인 차이점이 드러난다. 자존감이 높은 아이는 일이 뜻대로 되지 않을 때, 혹은 실수했을 때라도 "괜찮아, 다음에는 잘할 수 있어." "다 잘 될 거야, 난 할 수 있어!"라고 긍정적으로 반응한다. 반면 자존감이 낮은 학생은 "난 뭘 해도 안 돼.", "나는 잘하는 게 없어."라고 부정적으로 반응하며 스스로에게 실망한다.

친구와의 관계에서도 차이를 드러낸다. 자존감이 높은 아이는 다양한 친구들과 두루 잘 지낸다. 지나치게 좋아하는 친구도 없고, 지나치게 싫어하는 친구도 없다. 친구들의 말을 잘 들어주다 보니 상담자 역할도 곧잘 맡는다. 반면 자존감이 낮은 아이는 거절이 두려워서 친구에게 잘 다가서지 못한다. "날 안 좋아할 거야.", "나를 싫어하는 거 같아."라고 지레짐작한다. 남의 눈에 어떻게 보일지 신경 쓰느라 의사표현에 소극적이고, 그래서 학급 내 존재감도 약하다.

**자존감을 높이는 엄마의 역할**

초등학교 시기는 자존감을 키울 수 있는 절호의 기회다. 아무리 많은 실수를 한다 해도 그것이 아이의 삶에 큰 영향을 미치지 않고, 실패를 경험했다 해도 부모의 위로를 통해서 충분히 극복 가능하기 때문이다.

이때에는 온몸으로 나쁜 상황을 막아주는 엄마 대신 온 마음을 다해 격려해주는 엄마가 필요하다. 아이의 실수와 실패에도 담대하게 반응하고, 마음을 잘 다독여주는 엄마가 있을 때 초등학령기 아이의 자존감은 쑥쑥 자란다.

## 믿어주는 부모

"아이를 사랑하나요?"

이러한 질문에 아니라고 대답하는 엄마는 아마 없을 것이다.

"아이를 믿나요?"

하지만 질문을 이렇게 바꾸고 나면 선뜻 대답이 나오지 않는다. 전적으로 믿는다고 할 수도 없고, 그렇다고 안 믿는 것도 아니니 대답을 주저하게 된다.

사랑은 자연스럽게 생긴다. 아이는 존재만으로도 부모의 사랑을 샘솟게 한다. 하지만 믿음은 저절로 생기지 않는다.

"이래서 엄마가 널 믿겠니?"라는 말 대신에 "엄마가 믿을게."라고 말할 수 있는 힘은, 엄마의 의지와 노력에서 나온다.

초등 자존감 교육은 곧 부모의 믿음이라고 바꿔 말할 수도 있다. 아이를 믿어주기만 해도 자존감 키우기의 반은 성공이다. 아이는 부모가 준 믿음을 바탕으로 자신에 대한 믿음을 키워나가기 때문이다.

## 믿지 못하는 부모 VS 믿어주는 부모

아이는 본래 믿을 만하지 않다. 엄마가 아이보다 더 많은 것을 알고 있음에도 불구하고 아이를 믿기 위해서는 노력이 필요하다.

### 믿지 못하는 부모

"학원도 몰래 빠지고 친구들이랑 게임하러 가? 내가 못 살아. 철석같이 믿었는데 이렇게 뒤통수칠래? 이래서 엄마가 널 믿겠니?"

"아이가 잘해야 믿죠. 큰 걸 바라는 게 아니에요. 선생님 말씀 잘 듣고, 친구랑 사이좋게 지내라는 것뿐인데 자꾸 싸움에 엮이기나 하고. 우리 애가 먼저 시비를 건다고 하니까… 계속 말을 해도 안 듣는데, 애를 어떻게 믿겠어요?"

### 믿어주는 부모

"잘하지 않아도 믿어줘야죠. 아이도 이번 일을 계기로 깨달은 게 있을 거예요. 앞으로 안 그럴 거라고 믿어주려고요. 엄마라도 믿어줘야죠."

아이는 믿어주는 것이다. 믿음은 부모가 먼저 줘야 한다. 그리고 아이를 향한 믿음은 대가 없이 공짜로 주는 것이어야 한다. 믿음의 대가를 바라기 시작하면 아이가 부응하지 못할 때 원망이 생긴다. 대가를 기대한다면 지불 능력이 없는 아이는 부모의 믿음을 거부할지도 모른다. 아이를 사랑하는 데 이유가 없듯 아이를 믿는 것에도 조건을 걸지 말아야 한다. 믿음은 그냥 주는 것이다.

### 믿음은 의지다
믿지 못하는 부모

"숙제했어? 숙제는 다 해놓고 TV 보는 거야?"

"이것만 보고 숙제하려고 했어요."

"그걸 믿으라고? 도대체 알아서 할 때가 없잖아!"

믿어주는 부모

"이것만 보고 숙제하려고 했어요."

"그래, 알았어. 아빠가 믿을게. 끝나면 숙제하는 거야."

초등학생 아이가 믿을 만한 모습을 보여줄 때란 흔치 않다. 서툴고 실수가 많을 때에도 믿어주려고 노력할 때 아이를 향한 믿음은 자란다. 부모의 의지가 믿음을 자라게 한다.

### 믿음은 긍정성이다
믿지 못하는 부모

내성적인 성격에 운동신경도 별로인 5학년 아들. 학교 도서관에서 책 읽는 게 낙이라고 한다. 친구가 없는데 사귈 생각조차 안 하고 책만 읽다 오는 아이가 걱정이다. 중ㆍ고등학교에 가면 남자애들 서열에서 더 밀릴 텐데. 뉴스에 나오는 끔찍한 학교 폭력의 사건들이 내 아이의 일이 될까 불안하다.

## 믿어주는 부모

내성적인 성격에 운동신경도 별로인 5학년 아들. 친구들과 활발히 어울리면 좋겠지만 아이에게는 책이 더 좋은 친구인가 보다. 외로워하거나 따돌림을 당하는 게 아니니 걱정하지 않으려고 한다. 언젠가는 아이에게 대화가 통하는 좋은 친구가 생길 거라 믿는다.

아이는 엄마의 눈을 통해 자신을 바라본다. 그렇기 때문에 엄마가 긍정적으로 바라보면, 아이도 스스로에 대한 긍정적인 이미지를 갖게 된다. 누구나 자신을 좋아할 것이라는 믿음, 세상은 내 편이라는 무한한 긍정성을 갖는다.

자신의 미래에 대해서도 마찬가지다. 불안감이 높은 부모일수록 아이의 미래에 대한 부정적인 생각에 사로잡히기 쉽다. 아이를 믿어준다는 것은, 아이의 미래를 믿는다는 뜻이기도 하다. 앞날에 대한 부정적인 상상을 거부하고 불안을 이기는 것이 바로 부모가 보여줄 수 있는 믿음이다.

**믿음은 기다림이다**

믿지 못하는 부모

"잘 챙기라고 했잖아. 실내화 잃어버린 게 대체 몇 번째야? 매번 건
성건성, 너 언제까지 이럴 건데?"

믿어주는 부모

잘 챙기라고 했는데도 자꾸 실내화를 잃어버리는 걸 보면 속이 상
한다. 여느 아이들처럼 야물지 못하고 구멍이 많은 아이가 불안하
기도 하다. 하지만 믿고 기다리려고 한다. 이제 2학년인데, 점점 더
나아질 것이다.

엄마, 아빠가 믿는 대로 곧장 변화가 나타난다면 얼마나 좋을까. 그
런데 부모가 믿어줘도 아이는 쉽게 달라지지 않는다. 믿음에도 불구
하고 아이는 계속 제자리이고 심지어 실망스럽기까지 하다. 변할 기
미조차 안 보이는 아이를 보면, 이대로 믿어주는 게 맞는지 확신이 서
지 않는다.

만약 아이보다 자신을 믿는 엄마라면 더욱더 아이를 기다려주는 게
힘들 수밖에 없다. '너는 엄마가 하라는 대로만 해. 그럼 다 잘돼.' 하
면서 아이를 끌고 가고 싶어진다. 그것이 더 쉽고 빠르게 느껴진다. 하
지만 언제까지 아이를 끌고 갈 수 있을까. 변화를 일으킬 힘은 아이에
게 있다. 엄마의 역할은 '너는 잘해낼 거야.'라고 응원해주는 것으로

충분하다.

아이는 천천히 세상을 배운다. 아이가 성장하기를 기다리고, 스스로 삶을 통제할 수 있을 때를 기다려주는 것, 그것이 바로 부모의 믿음이다.

## 믿음과 불안의 총합 일정의 법칙

아이를 믿지 못할 때 가장 괴로운 사람은 엄마다. 그래서 불안한 엄마의 얼굴에는 자기도 모르게 그늘이 드리워진다. 아이는 엄마의 불안을 알아채고, 그것이 자기 때문이라 여긴다. 엄마를 불안하게 만드는 사람도 나, 그 불안함을 없애줘야 할 사람도 나라는 무게에 짓눌린다. 자존감이 자라날 틈이 없다.

6학년 담임을 맡았을 때의 일이다. 착실하고 공부도 제법 잘하는 학생이, 학원 때문에 힘들다는 말을 꺼냈다. 아이는 하교하면 곧장 학원으로 향했고, 늦은 저녁에야 학원 스케줄이 끝났다. 학원 숙제를 하느라 학교 점심시간에도 마음껏 놀지 못했다. 나는 어머니께 상담 요청을 드렸다.

"아유, 애가 알아서 하면 당연히 믿죠. 머리 되는 애들, 자기 할 일 척척 하는 애들 있잖아요. 우리 애는 그게 안 되니까, 학원 보내서 제가 관리하는 거예요. 저도 힘들어요. 근데 이렇게 안 하면 나중에 못 따라가니까요. 먹고 살려면 기본은 하게 도와줘야죠. 놀 생각만 하는 애를 마냥 믿어줄 수 있나요?"

아이의 역량이 부족해서 믿지 못한다고 하지만 진짜 이유는 경쟁에서 낙오될까봐 불안한 엄마의 마음에 있다. 결국 아이는 자신의 역량을 펼칠 기회조차 없이 엄마의 불안에 물든다. 엄마도 힘들고, 아이도 힘들어지는 불안의 악순환이 반복된다.

불안과 믿음의 합은 항상 일정해서 불안이 커질수록, 믿음은 줄어든다. 반면에 믿음이 커질수록 불안감은 줄어든다. 만약 아이를 완전히 믿게 된다면 더 이상 불안하지 않다. 아이에 대해 불안이 큰 부모라면, 그만큼 아이를 믿지 못하는 상태인 것이다.

| 믿음과 불안의 총합 일정의 법칙 | |
| --- | --- |
| 100% 믿음, 불안 제로 | |
| 믿음이 커질수록, 불안은 줄어든다. | |
| 불안이 커질수록, 믿음은 줄어든다. | |
| 100% 불안, 믿음 제로 | |

아이를 향한 불안이 커질수록 엄마는 아이의 삶을 주도하고 통제하려고 한다. 불안한 엄마 아래에서 아이의 자존감이 자랄 수 없는 이유

다. 아이를 믿어주는 엄마는 아이가 자기 힘으로 해볼 수 있도록 기회를 주고 기다려준다. 아이는 스스로 해보면서 자신의 능력과 가치를 깨달아간다.

아이를 향한 근거 없는 불안 대신 조건 없는 믿음을 갖자. 믿음의 반대말은 불신이 아니라 불안이다. 불안으로 믿음을 없앨 것인지, 믿음으로 불안을 이길 것인지는 부모의 선택에 달려 있다. 엄마, 아빠가 믿어주지 않는 한 아이를 믿어줄 사람은 어디에도 없다.

## 자기 힘으로 해내는 아이

자존감을 이루는 한 축이 자신감이다 보니 성취 경험은 아이에게 여러모로 중요하다. 그런데 엄마가 하라는 대로 해서 이룬 성공, 선생님이 시켜서 해낸 결과물보다 더 큰 힘을 발휘하는 것은 바로 자기 힘으로 이루어낸 성취다.

초등학교 1학년인 아이는 상상 이상으로 많은 일을 해낼 수 있다. 초등학교 6학년이라면 어떨까? 자기 힘으로 못하는 게 거의 없을 정도다. 심지어 교사인 나보다 나을 때도 있다. 만약 우리 아이가 아직 미숙하다면 스스로 해볼 기회가 별로 없어서일지도 모른다. 아이에게 할 수 있는 기회를 주자. 아이의 자존감을 위해서, 아이 대신 해주기보다 스스로 해낼 수 있도록 기회를 주어야 한다.

| 자기 힘으로 해내는 아이를 키우는 네 가지 공식 | | |
|---|---|---|
| 1. 할 수 있는 일은 | → | 대신 해주지 않는다. |
| 2. 못하는 일은 | → | 도와준다. |
| 3. 위험한 일이라면 | → | 안전한 환경을 만들어준다. |
| 4. 안 하려고 하는 일이라면 | → | 격려하고 기다린다. |

## 할 수 있는 일은 대신 해주지 않는다

[장면 1] 학교, 체육시간

"선생님, 피구 하는데 구름이가 저한테만 공 안 줘요."

"그래? 속상하겠네. 구름이한테 이야기해봤어?"

"아니요."

"구름이가 일부러 너만 빼고 패스한 게 아닐 수도 있잖아."

"아 그게, 계속 그래요. 한 번이 아니라, 피구 하는 내내."

"그래. 그러니까 너도 마음이 상했던 거고. 그런데 구름이의 의도는 구름이한테 확인을 해봐야 알 수 있어. 네가 판단한 게 맞을 수도 있지만 아닐 수도 있어."

"그럼 어떻게 해요?"

"구름이한테 물어봐야지. 선생님이 구름이를 불러서 물어볼 수도 있고, 네가 직접 물어봐도 돼. 선생님은 네가 직접 하는 걸 추천할게. 해보고 안 되면 그때 선생님이 나서도 되지 싶어."

"그럼 제가 먼저 얘기해볼게요."

"그래. 멋지다!! 믿으니까 맡기는 거야. 얘기해보고 해결이 안 되면 꼭 알려줘. 언제든 도울게."

### [장면 2] 집, 동생과의 다툼

"엄마, 요한이가 나한테 박치기 했어. 가만히 있었는데 갑자기 그래."

"요한이한테 왜 그러냐고 물어봤어?"

"아니."

"물어봐, 그럼."

"요한이 너, 나한테 왜 박치기 해?"

"누나, 내가 모르고 그래쪄."

"엄마, 얘 모르고 그랬대. 그래도 나한테 사과는 해야 하지 않아?"

"요한이한테 직접 말해봐. 안 되면 엄마가 도와줄게."

[장면 1]에서 내게 하소연했던 학생은 결국 하고 싶었던 말을 직접 친구에게 했다. [장면 2]에서 불만을 토로하던 딸아이 역시 직접 제 동생과 화해했다. 뒤에서 조마조마하며 아이들을 지켜보던 나는 그때마다 내가 나서지 않기를 잘했다고 생각했다. 하마터면 아이들 스스로 해결할 수 있는 기회를 빼앗을 뻔했으니까.

해보기도 전에 어른에게 도움부터 청하는 아이들이 있다. 충분히 할 수 있는 일인데도 못한다고 손사래부터 친다. 무언가를 직접 해결해본 경험이 적기 때문이다. 아이들은 경험하지 않으면 자신이 무엇을 할 수 있는지 잘 모른다. 기회가 있을 때 직접 해본 후에야 '아, 나도 할 수 있구나!'를 깨닫는다.

물론 그런 기회가 주어졌다고 해서 곧바로 행동으로 이어지는 것은 아니다. 용기를 내게 되기까지는 어른들의 믿음과 격려가 필요하다. 만약 앞의 사례에서 아이가 도움을 청할 때마다 나음과 같이 말했다면 결과는 어땠을까?

"선생님, 친구가 저한테만 공 안 줘요."
"네가 얘기할 수 있잖아. 선생님이 매번 다 해결해줄 수는 없어!"

"엄마, 요한이가 나한테 박치기 해."
"네가 동생한테 말해. 스스로 해결할 수 있는 건데 왜 매번 엄마한테 와?"

"믿고 맡기는 거야."와 "매번 해결해줄 수 없어!", 이 두 말의 뉘앙스는 전혀 다르다. 전자가 격려라면, 후자는 비난에 가깝다. 비난을 들은 아이는 의욕을 잃는다. 아이가 자신의 능력을 발휘하게 하려면 할 수 있다는 믿음과 잘하지 못해도 괜찮다는 격려를 동시에 전해야 한다.

"최고다!"

"좀 더 잘할 수 있잖아? 최선을 다해봐!"

위의 예처럼, 결과에 대해 평가하는 말 역시 아이의 도전 의지를 꺾는다. 좋은 결과를 내야 한다는 압박은 아이에게 스트레스가 된다. 평가가 두려운 아이는 해보기도 전에 못한다고 누워버린다. 시도를 안하면, 나쁜 평가를 받을 일도 없기 때문이다. 결과에 상관없이 스스로 해보려는 시도 자체에 박수를 보내야 한다. 이 말 한 마디면 충분하다.

"잘하지 않아도 괜찮아."

인생은 단거리 경주가 아니다. 초반에 앞서는지, 뒤처지는지는 인생이라는 마라톤에서 별 의미가 없다. 중요한 것은 등수가 아니라 완주를 할 수 있느냐이다. 부모가 먼저 결과에 대한 평가에서 자유로워져야 한다. 잘하지 않아도 된다. 해보려는 것이면 충분하다.

초등학령기는 무엇이든 자기 힘으로 해보는 경험을 쌓는 시기다. 엄마가 그 기회를 빼앗아서는 안 된다. 아이의 자존감은 지나치게 유능한 엄마 아래서는 자라지 않는다. 좀 틈이 있는 엄마 아래서 자라는 아이들이 오히려 자기유능감과 자존감이 높다는 것을 기억해야 한다.

## 못하는 일은 도와준다

까치발로 전등 스위치를 켜려고 하는 아이. 발에 힘을 주다 보니 아이의 작고 여린 발톱이 부러질 것만 같다. 그러나 스위치가 턱없이 높아 안간힘을 써도 안 될 게 뻔히 눈에 보인다.

[장면 1]

아이의 발톱이 부러질까봐 걱정스러운 엄마는 "안 되는 거야!"라며 아이를 막는다.
→ 아이는 악을 쓰고 운다.

[장면 2]

아이가 안쓰러운 엄마는 아이를 대신 해 스위치를 딸깍 하고 켜준다.
→ 아이는 울음을 터뜨린다.

[장면 3]

엄마가 아이를 번쩍 들어 올려 아이 손으로 켜게 한다.
→ 아이는 엄마의 도움을 받아 스위치를 제 손으로 켠다. 웃는 얼굴이다.

[장면 4]

> 슬며시 디딤대를 아이 옆에 갖다 준다.
>
> → 아이는 디딤대를 밟고 올라가 스스로 켠다. 만족스러운 표정이다.

엄마는 아이가 안쓰러워 막은 것뿐인데, 아이는 악을 쓰고 운다. 스위치를 대신 켜준 엄마의 호의에도 아이는 울고 만다. 이유는 하나다. 자기가 하고 싶었기 때문이다. 능력 밖의 일인데도 스스로 해보고 싶었다. 그런데 하고자 하는 의욕이 엄마로 인해 꺾였고, 좌절을 맛보니 울음을 터뜨린 것이다.

이처럼 아이를 위한 통제가 도리어 자존감을 꺾어버릴 수도 있다. 엄마로서는 혼자 끙끙대는 아이가 안타깝겠지만, 아이는 스스로를 초라하다 여기지 않는다. 아이를 초라하게 만드는 것은 뜻을 펼치지 못하게 막아서는 어른의 태도다.

아이가 능력이 되지 않을 때는 대신 해주거나 못 하게 막는 대신, 할 수 있는 방법을 찾아 도와주어야 한다. [장면 4]에서처럼 스스로 방법을 생각해서 해냈다는 믿음이 생기도록 티 나지 않게 도와주면 더욱 좋다. 엄마표 자존감 교육은 느린 아이를 끌고 가고 싶은 마음과 조급함을 견디는 과정에 있다. 도움은 주되 해주지 않고, 지켜는 보되 나서지 않아야 아이는 자기 힘으로 해볼 수 있다.

단, 도움에도 타이밍이 있다. 원치 않는 도움은 언제라도 간섭으로 변할 수 있으니 도움을 주고 싶다면 아이에게 먼저 물어보는 게 좋다. 아이가 거절한다면 "알겠어. 그래도 네가 요청하면 언제든 도와줄게." 하고 일단 물러서야 한다. 사실 그러한 격려만으로도 아이는 힘을 얻는다. 그러니 도와주고 싶다면 아이에게 먼저 동의를 구하고, 만약 아이가 도와달라고 하지 않는다면 일단 기다려보도록 하자.

| 시기 | 저학년 | 고학년 |
|---|---|---|
| 도전 전 | 도움이 필요하면 언제든 말해. | – 아빠가 뭘 도와주면 돼?<br>– 엄마가 도와줘도 되니? |
| 도전 중 | 할 수 있어, 못해도 괜찮아, 큰일 안 나. | |
| 도전 후 | (해냈을 때) 네가 해낼 줄 알았어. | |
| | (해내지 못했을 때)<br>– 넌 충분히 잘하고 있어!<br>– 결과보다 하려고 했다는 게 중요해. 네가 자랑스러워. | |

## 위험한 일이라면 안전한 환경을 만들어준다

초등학생 아이들은 위험한 일에 무서움보다 재미를 먼저 느끼기 때문에 위험한 일이라도 서슴없이 해보려고 한다. 모르다 보니 용감해지는 것이다.

이럴 때는 조율의 기술이 필요하다. "하지 마!", "안 돼!", "위험해!", "다쳐!"라고 아이의 행동을 통제하면 아이들은 더 하고 싶어서 안달이 난다. 혹은 잦은 통제와 제한 때문에 무력감에 빠지기 쉽다.

그렇다고 마냥 독려해서도 안 된다. 아직 스스로를 지킬 힘이 없기 때문이다. 마음껏 허락하자니 다칠 것 같아 불안하고, 못 하게 하자니 아이가 실망하고 용기를 잃을 것 같아 가슴 아플 때는 어떻게 해야 할까?

첫째, 아이의 마음을 읽어준다.
둘째, 위험에 대해 객관적으로 설명한다.
셋째, 위험 요소를 제거한 환경을 조성해준다.

### ① 마음 읽기

초등학교 1학년 딸, 엄마가 설거지 하는 걸 옆에서 흥미롭게 지켜본다.
"엄마, 나도 해볼래요."
"안 돼. 다쳐. 나중에 시집가면 해."

아이의 표정이 이내 시무룩해진다. 설거지를 못 하게 해서가 아니라, 거절을 당했기 때문이다. 이럴 때는 해보고 싶었구나, 하며 먼저 마음을 읽어주면 꼭 행동을 허락하지 않아도 아이는 존중받았다고 느낀다.
"안 돼!"라는 말 대신, "설거지 하는 거 재미있어 보여? 해보고 싶구나?" 하고 마음을 먼저 읽어준다.

### ② 위험에 대한 객관적인 설명

그런 다음 그 일을 했을 때 만에 하나라도 벌어질 수 있는 위험한 상황을 미리 알려준다. 가능성이 아주 낮다고 해도, 혹시라도 벌어지게 될 위험한 상황과 그것에 따른 결과를 인지시켜야 한다.

유아기에는 부모가 아무리 설명해도 스스로 위험성을 인지하지 못한다. 하지만 초등학령기부터는 설명하면 충분히 납득한다. 무조건적인 통제나 협박, 공포를 이용해서 경각심을 심어주는 것보다 현실적이고 객관적인 설명을 해주는 게 더 효과적이다. 사고의 가능성을 설명해주고, 피할 수 있는 방법을 알려주면 아이는 스스로 행동을 조심한다.

### ③ 위험 요소를 제거한 안전한 환경 조성

아이의 자존감을 높여주려면 안 된다고 하지 말고 되게 도와주어야 한다. 다치지 않도록 환경을 정리하고, 자기를 지킬 수 있는 방법을 가르치는 게 최선이다.

아이가 설거지를 하고 싶어 한다면, 세제를 묻혔을 때 그릇이 미끄러질 수 있으니 조심해야 한다고 알려주되 유리 대신 플라스틱 그릇을 쥐어줄 수 있다. 실제로 그릇을 떨어뜨리더라도 깨지지 않으니 실수해도 안전하다.

칼질을 해보겠다고 하면 손가락을 오므려서 칼질을 해야 칼날에 베이지 않는다고 가르쳐주고 비교적 날이 무딘 빵 칼을 쥐어줄 수도 있다. 칼날이 손에 스칠 수는 있지만 쉽게 상처는 나지 않으니 안심이다.

만약 안전한 환경 조성이 불가능하다면 어떻게 할까? 그럴 때는 합리적인 통제가 답이다. 하고 싶어 하는 마음을 읽어주고 위험성을 설명해준 후에 통제한다면 아이들도 큰 투정 없이 받아들인다.

무조건 안 된다고 하기보다 "이건 안 되지만, 저건 가능해."라고 대안을 제시할 수 있으면 더욱 좋다. 가급적이면 통제할 때도 통제의 영역을 줄이는 편이 좋다. 안 되는 영역이 많아질수록 아이가 자율성을 발휘할 범위는 그만큼 줄어들기 때문이다. 대안 제시를 통해 통제의 영역을 좁히고 아이가 스스로 해볼 수 있는 여지를 늘려주는 것이 좋다.

 **Tip** "아빠, 나도 망치질 해볼래요."

① 마음 읽기

"망치질이 재미있어 보이는구나? 해보고 싶어?"

② 위험성에 대한 객관적인 설명

"망치가 생각보다 무거워. 잘못하다가 손을 찍을 수도 있고 그럼 뼈까지 다쳐. 네 손은 아빠 손보다 약하고 여려서 더 위험해."

③ 통제와 대안 제시

"그래서 망치질은 안 돼. 대신 망치를 들어보는 건 괜찮아. 한번 들어볼래?"

기쁨이가 초등학교 1학년 때, 뷔페에서 있었던 일이다. 엄마가 커피를 좋아한다는 걸 알았던 기쁨이는 후식으로 직접 커피를 가져다주겠다고 했다. 나는 말리고 싶었다. 커피 기계 사용법도 모르고, 커피는 뜨거운데다 유리잔을 깰 수도 있으니까. 불편하고 위험한 상황이 눈앞에 그려졌지만, 그렇다고 엄마를 위한 아이의 마음을 외면하고 싶지도 않았다. 잠시 망설이다가 곧 허락하고 뒤따라갔다.

아이는 기계 앞에 섰고 나는 반 발짝 뒤에서 아이를 지켜봤다. 바로 뒤에서 지켜보며 유리컵을 꺼내는 것부터 기계 조작법, 컵이 뜨거우니 손잡이를 잡아야 한다는 것까지 알려주었다. 기쁨이가 실수한다 해도 곧장 도와줄 수 있도록 바로 뒤에 서 있었지만 그래도 내내 마음이 조마조마했다. 하지만 기쁨이는 결국 해냈고 내게 커피를 건네며 자랑스럽게 웃어 보였다.

아이를 통제하는 것은 쉽다. "하지 마!" 한마디면 된다. 반면 위험 요소를 제거하고 안전한 여건을 마련해놓는 것은 어렵다. 귀찮기도 하거니와 부모의 세심한 노력과 인내 없이는 불가능하다. 하지만 그 열매는 달콤하다. 그 과정을 참아낸다면 조만간 무엇이든 시도하고 도전하는 용기 있는 내 아이를 만나게 될 것이다.

### 안 하려고 하는 일이라면 격려하고 기다린다

뭐든 안 하겠다고 하는 아이들이 있다. 발표해 보기도 전에 못하겠다고 하고 줄넘기를 해보기도 전에 무섭다고 뒷걸음질친다. 저학년만 그런 것은 아니다. 고학년도 마찬가지다. 원인은 다양하다. 타고나기를 조심성 많고 불안이 높은 아이일 수도 있고, 자신감이 떨어진 상태라서 그럴 수도 있다. 실패를 싫어하는 완벽주의 성향일 수도 있고, 무기력하고 의욕이 없는 상태일 수도 있다. 원인이 무엇이든 간에 그런 상황에 맞닥뜨렸다면 아래의 방법을 적용해보자.

① **격려하고 기다리는 게 먼저다.**

"다른 애들 다 하는데, 왜 너만 안 한다고 해? 바이올린도 배웠고, 음악 줄넘기도 했잖아. 너도 장기자랑 할 수 있어."

"너도 발표 좀 해봐. 손 들고 시켜달라고 해봐. 다 할 수 있는 거야."

해보라고 독려하는 것 같지만 실상은 '너는 왜 남들처럼 못하냐'는 비난을 담고 있는 말들이다. 어른들의 비교, 비난, 부정적인 피드백이 반복되면 아이들은 더욱더 '나는 못해.'라고 생각한다. 억지로 등을 떠밀수록 아이는 움츠러든다. 이럴 때일수록 부모는 '뭐 어때?'라는 느긋한 태도를 보여야 한다.

"원래 시작이 어려워. 손 번쩍 들고 한번 발표해보면, 그 다음부터는 쉬워질 거야."

"괜찮아. 엄마도 어렸을 때 발표 못하고 쭈뼛거렸어. 크니까 달라지더라."

② **기다려주지 않아야 할 때도 있다.**

[초3 남학생의 사례] 학교에서 수학 수업을 따라가지 못하는 상황

"엄마, 나는 수학이 제일 싫어. 숫자만 봐도 멀미가 나. 학교에서 보충하는 거 안 할래."

> "그래, 그럼. 더하기 빼기 못해도 사는 데 지장 없어. 엄마도 어렸을 때 수학 못했어."

그렇다고 뭐든지 기다려줘도 된다는 뜻은 아니다. 인생에는 싫어도 해야 하는 일이 있기 때문이다. 특히 앞으로의 과업에 지속적인 영향을 주는 일이라면, 무작정 기다려서는 안 된다. 때를 놓치지 않고 완수할 수 있도록 도와주어야 한다.

배움에는 결정적 시기가 있다. 특히 수학은, 동일한 내용이 학년이 올라갈수록 점진적으로 확대되는 나선형 교육과정의 표본이다. 1학년 때 배우는 한 자릿수 덧셈과 뺄셈이, 2학년이 되면 받아올림과 받아내림이 있는 덧셈과 뺄셈으로 심화된다. 현재 학년에서 도달해야 할 성취 기준이 다음 단계 배움의 출발점이 된다. 자연수의 사칙연산을 하지 못하면 상위 단계인 소수와 분수의 사칙연산도 할 수 없다. 현 단계에서 학습의 고리가 끊기면 그 후의 과정에 대해서는 결국 손을 놓을 수밖에 없는 것이다. 부족한 실력이 누적되면 학습에 대한 흥미를 잃고 자존감이 떨어지기 때문에 마냥 기다려주어서는 안 된다. 정규 교육과정을 따라갈 수 있도록 적극적으로 도와주어야 한다.

> "싫어도 해야 해. 부딪혀서 하다 보면 점점 쉬워져. 지금 안 하면 갈수록 어려워. 문제집이랑 학습지랑 교과서 중에 어떤 걸로 공부해볼래?"

③ 실수해도 괜찮다.

"너 때문에 넘어졌잖아."

"다 엄마 때문이야!"

아이들은 남 탓을 참 잘한다. 남에게 원인을 돌리며 책임에서 벗어나고 싶어 한다. '악해서'가 아니라 '약해서' 그렇다. 실수를 직면하고 잘못을 인정하는 태도 역시 자존감이 높아야만 나올 수 있는 행동이기 때문이다. 아이들은 아직 마음이 자라는 중이라 대부분 자신의 실수를 마주할 용기가 부족하다. 그래서 남 탓으로 돌리며 당장의 불편함을 회피하려고 한다. 그럴 때 아이의 속마음을 들여다보면 '용기가 없어요. 비겁하지만, 이게 나를 지킬 수 있는 방법이에요.'라는 혼잣말이 들릴지도 모른다.

아이들은 특히 실수가 용납되지 않는 상황일 때 자신의 실수를 마주할 용기를 잃는다. 그 와중에 남 탓마저 못하게 하면 아이는 갈 곳을 잃는다.

아이가 자주 남 탓을 한다면, 실수해도 괜찮다는 게 말뿐인 것은 아닌지 부모의 태도를 돌아봐야 한다. 남 탓하지 말라고 가르치기 전에 내가 아이에게 불안을 심어주지는 않았는지, 그 속에서 용기를 잃게 하지는 않았는지 생각해봐야 한다. 남 탓 하는 아이에게는 '완전한' 환경보다 '안전한' 환경이 절실하다. 실수해도 괜찮다고 말해주는 부모야말로 아이에게 100퍼센트 안전한 환경이다.

④ 실패해도 괜찮다.

아이들은 누구나 시행착오를 겪으며 성장한다. 초등학령기가 중요한 것은, 실패의 과정 그 자체가 배움이 되는 시기이기 때문이다. 그렇기 때문에 나는 우리 반 아이들에게도 실패를 부끄럽게 여기지 말라고 다독인다. 실패했다는 건 최소한 무언가를 시도했다는 의미다. 시도하지 않는다면 실패는 없겠지만 그 이후의 배움도, 성장도 없다. 시도를 망설이지 않는 아이는 실패도 많지만 성취도 많다. 일단 해보고, 실패에 연연하지 않는 태도가 중요하다.

**아이가 주인공이다**

아이의 일을 대신 해주고 있다면, 위험하다고 무조건 통제하고 있다면, 안 하겠다고 하는 아이를 무조건 비난하고 있다면 아이는 스스로의 힘을 잃어버리게 된다.

스스로 해본다면, 어려운 일이라도 도움을 받아 해낸다면, 위험한 상황에서 안전한 방법을 찾아준다면, 안 하겠다고 할 때 격려하고 기다려준다면 아이는 자기 삶의 주인공으로 자라난다.

아이가 커갈수록 부모는 점점 물러서야 하고, 아이가 해낼 수 있는 일을 점차 늘려가야 한다. 부모가 아이를 대신해서 결정하고 이끌었다면 초등학령기부터는 아이에게 그 권한을 조금씩 넘겨줘야 한다.

엄마라고 모든 것을 잘해야 하는 것은 아니다. 엄마가 잘한다고 해서 꼭 아이들이 잘하는 것도 아니다. 아이의 자발성을 이끌어주는 안내자의 역할이면 충분하다.

## 관찰과 대화로 성장하는 아이들

나는 내 아이에 대해 얼마만큼 알고 있을까? 등하교 시간, 숙제, 성적, 학원 스케줄을 줄줄 꿴다고 해서 내 아이에 대해 잘 안다고 단언할 수 있을까? 아이가 어떤 순간을 가장 행복한 기억으로 갖고 있는지, 아이가 가장 두려워하는 것은 무엇인지 나는 알고 있을까?

아이를 안다는 것은 아이의 마음을 안다는 뜻이다. 가족이라고 해서 저절로 마음을 알게 되는 것은 아니다. 척 봐서 알게 되는 것은 이 세상에 없다.

성장기 아이는 하루가 다르게 마음이 자란다. 시시각각 변하고 있는 아이의 마음에 대해 알지 못한다면 아이의 자존감 역시 키워주기 어렵다. 내 아이가 뭘 할 수 있는지, 아이가 어떤 도움을 필요로 하는지 알아야 엄마표 자존감 교육이 가능하다. 내 아이를 잘 알기 위해서는 아이를 관찰하고 아이와 대화해야 한다.

## 관찰

관심이 많을수록 관찰하기도 쉬워진다. 그러나 아이에 대한 관심이 지나치게 많을 때는 객관적으로 관찰하기가 오히려 어려워진다. 아이를 너무 사랑한 나머지 자신과 아이를 동일시하기 때문이다.

관찰자로서 부모가 서 있어야 할 자리는 아이의 딱 한 걸음 뒤다. 아이보다 앞서지도 않고 너무 멀리 떨어져 있지도 않고, 딱 한 걸음 뒤. 그리고 이 거리는 아이의 학년이 높아질수록 차츰 늘려가야 한다.

엄마, 아빠가 관찰하고 있음을 아이가 눈치 채지 않도록 하는 것도 필요하다. 관찰과 감시는 한 끗 차이라, 관찰하고 있다는 걸 깨닫는 순간 아이는 부모의 관찰을 감시로 느끼고 자신의 모습을 숨기려고 한다. 또한 관찰은 평가가 아니라는 것도 기억해야 한다. 아이의 모습을 본 후 어른의 잣대를 들이대며 아이의 행동을 바꾸라고 강요해서는 안 된다. '내 아이에게 이런 모습도 있구나.' 하고 받아들이는 게 관찰하는 부모의 태도다. 관찰을 통해 아이를 판단하고 교정하려 한다면, 관찰은 잔소리가 되고 만다.

### 관찰하면 비로소 보이는 것들

**첫째, 관찰하면 예측이 된다.**

사람의 말과 행동에는 일정한 경향성이 있다. 그걸 성격 혹은 성향이라고 한다. 아이를 관찰하다 보면 반복적으로 눈에 띄는 경향성을 발견하게 된다. 그리고 이렇게 아이의 사고와 행동의 패턴을 알게 되면 예측 불가능한 것처럼 보였던 아이가 점차 어른의 예상 범위 안으로 들어오게 된다. 관찰을 통해 아이의 다음 행동들을 예측하고 이해하면, 엄마의 불안감도 그만큼 줄어든다.

**둘째, 관찰은 과정을 칭찬할 수 있는 힘이다.**

결과보다 과정을 칭찬해야 한다는 것을 알면서도 주로 결과에 대한 칭찬만을 하게 되는 이유는, 그것이 쉽기 때문이다. 결과에 대한 칭찬은 딱히 준비할 필요가 없다. 좋은 결과가 나왔을 때 그저 잘했다고만 하면 된다. 하지만 과정에 대한 칭찬은 관찰이 있어야 가능하다. 예를 들어, 아이가 블록으로 멋진 성을 완성했다고 하자. 결과에 대한 칭찬은 "성이 예쁘네"로 끝나지만 과정을 칭찬하기 위해서는 아이가 성을 만들 때 어떻게 고민하고 어떻게 노력했는지 알아야 한다. 즉 관찰을 통하면 아이의 결과뿐 아니라 과정까지 칭찬할 수 있는 가능성이 열린다.

**셋째, 관찰하면 내 아이가 보인다.**

관찰을 통해 내 아이만의 고유한 면을 발견할 수 있다. 아이가 말해주지 않아도 지금 기분이 어떤지, 왜 힘들어 하는지, 왜 슬퍼하는지를 관찰을 통해 알 수 있다.

**Tip** 잔소리와 관찰의 차이

잔소리는 말이고, 관찰은 행동이다.
잔소리는 엄마의 마음을 표현하는 것이고, 관찰은 아이의 마음을 들여다보는 것이다.
잔소리는 짧을수록 좋고, 관찰은 길수록 좋다.
잔소리는 할수록 더 답답해지지만, 관찰은 할수록 답답함이 풀린다.

### 대화

초등 저학년 때까지는 아이와 대화다운 대화를 하기 어렵기 때문에 관찰에 비중을 두지만, 아이의 의사 표현능력이 좋아지는 고학년부터는 본격적인 대화가 가능하다. 따라서 저학년 자녀와 소통할 때는 관찰을 중심에 두고, 고학년 자녀와 소통할 때는 대화를 중심에 놓는 게 바람직하다.

"하라면 좀 해."

"준비물 뭐야?"

지시와 확인은 상대방을 수동적으로 만든다. 아이가 서너 살만 돼도 엄마의 지시에 "싫어!"라고 답하는 이유다. 지시와 확인은 대화라고 보기 어렵다.

대화란 쌍방향 소통이다. 엄마가 애써 묻지 않아도 미주알고주알 이야기하는 아이라면, 대화를 시작하기가 훨씬 수월하다. 하지만 대부분의 아이들은 무슨 일이 생기지 않는 이상 먼저 입을 열지 않는다. 그렇다 보니 엄마는 캐묻고 아이는 귀찮아한다.

아이와의 대화, 어떻게 물꼬를 터야 할까?

| 자존감을 높이는 대화법 | |
|---|---|
| 1. 조언하고 해결하려고 하기보다, | → 아이의 말을 들어준다. |
| 2. 감정의 이유를 묻고, 생각은 지레짐작하지 말고, | → 생각을 묻고 감정을 읽는다. |
| 3. 잘못했을 때를 교정의 찬스로 여기지 말고, | → 괜찮다는 한마디를 먼저 건넨다. |
| 4. 근거 없이 잘했다는 칭찬 대신 | → 격려한다. |
| 5. 비난과 잔소리 대신 | → 긍정적인 말을 습관화한다. |

**첫째, 해결보다 경청이다.**

어떤 말이든 들어주는 부모 앞에서라면 아이는 거리낌 없이 마음을 열고 무엇이든 이야기할 것이다. 이때 아이가 바라는 것은 조언도 해결책도 아니다. 누군가가 자신의 말에 온 신경을 집중하고 있다는 것만으로 아이는 힘을 얻는다.

**둘째, 생각을 묻고 감정을 읽는다.**

좋은 대화란, 상대방의 생각을 '묻고', 마음을 '읽는 것'이다. 아빠가 아이의 생각을 지레짐작해서 말하고, 아이의 감정에 대해 "왜?"라는 질문을 단다면 아이는 얼마 안 가 입을 꾹 다물고 말 것이다.

| [좋은 예] 생각을 묻고 감정을 읽는다. | |
|---|---|
| 아이의 생각을 묻는다. | "햄버거와 치킨 중에 뭐 먹을래? 치킨은 기름지니까 안 먹었으면 좋겠는데 네 생각은 어때?" |

| 아이의 감정을 읽어준다. | "누나랑 너무 놀고 싶은데, 끼워주질 않으니 서운한 거구나. 그래서 눈물이 나는 거야. 괜찮아." |
|---|---|

| [잘못된 예] 생각을 지레짐작하고 감정의 이유를 묻는다. | |
|---|---|
| 아이의 생각을 지레짐작한다. | "너 햄버거 좋아하잖아. 만날 좋다고 하니까 안 물어보고 시켰지. 맘에 안 들어?" |
| 감정의 이유를 묻는다. | "너 왜 우니? 우는 이유가 뭐야? 뭘 잘했다고 울어?" |

생각을 물어봐준 엄마에게 자신의 의견을 말하면서, 아이는 스스로를 가치 있고 중요한 존재로 느끼게 된다. 꼭 아이의 의견대로 해주지 않아도 좋다. 생각을 묻는 것만으로 아이는 존중받는다고 느끼며 자신에 대한 좋은 자아상을 세운다.

**셋째, 괜찮다는 한마디를 먼저 건넨다.**

"엄마, 나 필통이 통째로 없어졌어."

"도대체 자꾸 왜 그래? 엄마가 네 물건 잘 챙기라고 했어, 안 했어?"

아이가 잘못을 시인할 때 자칫 잘못하면 그 순간을 교정의 찬스로 여기기 쉽다. 하지만 실수한 아이에게 가장 필요한 것은 괜찮다는 위로다. "괜찮다"는 한마디를 먼저 건네야 한다. 훈육과 교정은 그 다음이다. 괜찮다고 해주는 엄마, 아빠가 있다면 아이는 스스로 잘못을 바로잡을 수 있다.

"엄마, 나 필통이 통째로 없어졌어."

"잘 찾아봐. 찾아봐도 없으면 작년 거 써야지 뭐. 괜찮아, 앞으로는 잘 챙겨!"

"가방에 넣는 걸 깜빡했나봐. 앞으로는 하교할 때 한 번 더 확인할게."

### 넷째, 칭찬보다 격려한다.

만약 칭찬을 해주고 싶다면, 잘했다고 생각하는 부분에 대한 구체적인 설명을 곁들여야 한다. 근거 없이 잘했다고 하는 말은 설득력이 없고 아이의 마음에 와 닿지 않는다. 엄마는 칭찬을 많이 해줬다고 하는데, 정작 아이는 칭찬을 별로 못 들었다 느끼는 이유도 여기에 있다.

칭찬이 아이에게 항상 좋은 영향을 주는 것은 아니다. 칭찬도 평가이기 때문에, 때로는 부담이 된다. 계속 좋은 결과를 보여야 좋은 평가를 받는다는 부담감이 커지면 실패가 두려운 나머지 시도를 피하게 될 수도 있다.

아이가 방 청소를 말끔히 했다면 "잘했어. 말끔한 게 얼마나 좋아. 앞으로도 이렇게 해봐."라는 말 대신 "방이 깨끗하니까 들어오자마자 기분이 상쾌해지네."라고 말해보자. 행동에 대한 평가 대신 객관적인 상황에 대한 장점을 말해주는 게 훨씬 더 긍정적이다.

### 다섯째, 긍정적인 말을 습관화한다.

계속 들어도 더 듣고 싶은 말은 무엇일까? 옳은 말이라도 반복되면 지겹다. 비난의 말은 한 번이라도 싫다.

들을 때마다 상대방의 기분을 좋게 만드는 건, 긍정적인 말뿐이다. 말은 습관이다. 긍정적인 말의 목록을 만들고 습관이 되도록 매일 연습해보자.

*괜찮아. 고마워. 사랑해. 아빠는 너를 믿어. 네가 해낼 줄 알았어. 넌 잘할 수 있어. 엄마는 걱정 안 해.*

### 저학년 대화법

저학년 자녀와의 대화는 부모에게 주도권이 있다. 따라서 아이에게 어떤 질문을 하느냐에 따라 대화의 방향과 아이의 답이 달라진다. 좋은 질문을 해야 대화하기가 수월하다. 저학년 자녀와 대화할 때 참고할 만한 질문법 세 가지가 다음에 나와 있다.

**첫째, 아이가 자신의 이야기를 할 수 있게끔 질문한다.**

"누구랑 친해?"

"누구랑 놀았어?"

이런 질문은 아이를 따분하게 만든다. 자신에 대한 이야기가 아니기 때문이다. 아이는 엄마에게 '나'에 대해 말하고 싶다. "오늘 기분 어때?"처럼 아이가 자신의 이야기를 할 수 있도록 질문을 던지자.

**둘째, 스토리로 이어지는 질문을 한다.**

"숙제했니?"

"오늘 알림장 내용 뭐야?"

"받아쓰기 몇 개 틀렸어?"

단편적 사실에 대한 질문은 단편적인 대답으로 끝난다. 이야기로 이어지지 않는다.

"쉬는 시간에 누구랑 놀았어? 점심시간에는 누구랑 놀았어? 하교할 때 누구랑 왔어?"와 같은 질문도 마찬가지다. 같은 패턴의 질문이 반복되면, 아이 입장에서는 추궁처럼 느껴진다.

"오늘 가장 재미있었던 일은 뭐였어?"와 같은 열린 질문이 좋다. 이야깃거리가 마땅치 않다면 수수께끼나 가벼운 농담도 좋다.

"우유가 옆으로 넘어지면 뭐게? 바로 '아야'지~."

이런 식의 가벼운 대화가 오히려 아이의 마음을 편안하게 풀어준다.


**셋째, 긍정적인 질문을 한다.**

"오늘 표정 좋아 보인다. 좋은 일 있었어?" (긍정형 질문)

"왜 또 시무룩해? 무슨 일 있었어? 친구랑 싸웠니? 선생님한테 혼났어?" (부정형 질문)


무슨 일 있었냐고 질문하면, 무슨 일이 없었어도 뭔가를 설명해야 할 것 같은 기분이 든다. 질문이 부정적이면 답도 부정적으로 되기가 쉽다. 결국 부정적인 질문은 부정적인 답을 이끄는 유도심문이 된다. 아이는 대화에 대한 통제력이 없기 때문에 부모의 질문대로 끌려간다. 엄마, 아빠의 걱정을 투사한 질문보다 긍정적인 질문을 하도록 하자. 긍정적인 질문이 긍정적인 대화를 만든다.

이렇게 어릴 때부터 부모와 대화하는 것에 익숙해지면 특별한 계기가 없어도 아이는 곧잘 자신의 일을 엄마, 아빠에게 들려주게 될 것이다. 초등학교 저학년 때까지 허심탄회하게 이야기를 주고받는 관계를 만들어야 사춘기 때 대화가 단절되지 않는다.

### 고학년 대화법

고학년이 될수록 대화다운 대화가 가능해지지만 이때부터는 아이가 마음을 잘 열지 않는다는 게 또 다른 어려운 점이다. 사춘기에 접어들면서 아이들은 보호자에게 배타적인 태도를 보이고, 또래 문화에 대한 애착을 강하게 느낀다. 따라서 고학년 자녀와의 대화는 다음과 같은 방식으로 시작하는 게 좋다.

**첫째, 아이의 관심사를 공략한다.**

사춘기 아이들과 대화를 주고받으려면 일단 그들의 눈높이에 나를 맞춰야 한다. 가장 쉬운 방법은 아이들의 관심사를 공략하는 것이다. 좋아하는 연예인 이야기, 게임 이야기로 대화의 물꼬를 튼다.

**둘째, 말을 아낀다.**

고학년이 되면서부터는 어른의 조언을 달가워하지 않는다. 피가 되고 살이 되라고 하는 말은 한낱 잔소리로 전락하고, 이렇게 하는 게 좋겠다는 조언은 지적으로 변한다. 부모를 무시해서도 아니고 반항심 때문도 아니다. 내 인생은 내가 주도하겠다는 의지의 표현이다. 따라서 긴 말은 소용이 없다. 말은 짧게 해야 한다. 짧으면 짧을수록 좋다.

**셋째, 긍정적인 인식을 심어준다.**

"너는 항상 불평해."라는 비난 대신 "힘들었겠네. 엄마도 너만 할 때 많이 겪었어. 지나고 나면 다 좋은 경험이야."라는 긍정적인 태도를 보여준다.

**넷째, 위로를 해준다.**

엄마, 아빠는 언제나 네 편이라는 것을 알려줘야 한다. 생각만 하지 말고 직접 말로 전하자. 사춘기 아이는 자신에 대한 확신이 없기 때문에 곧잘 불안해한다. 아이는 언제나 네 편이라고 말해주는 부모 옆에서 비로소 자신의 가치를 깨닫고 안정감을 얻는다.

**다섯째, 가끔은 객관적인 조언도 필요하다.**

서서히 철이 들어가면서부터는 아이가 현실을 직시할 수 있도록 부드럽게 도와주는 게 필요하다. 부모는 쓴소리도 할 수 있어야 한다. 자신의 결점에 대해 알고 있어야 그것을 넘어설 수도 있기 때문이다. 물론 그 전에 아이의 자존감이 제법 단단하게 형성되어 있어야 한다는 전제가 필요하다. 그래야 엄마, 아빠의 조언에 대해서도 고마워하고 자신의 단점도 비교적 수월하게 받아들일 수 있다.

| 저학년 대화법 | 고학년 대화법 |
|---|---|
| 1. 자신의 이야기를 할 수 있게끔 질문한다.<br>2. 스토리로 이어지는 질문을 한다.<br>3. 긍정적인 질문을 한다. | 1. 아이의 관심사를 공략한다.<br>2. 말을 아낀다.<br>3. 긍정적인 인식을 심어준다.<br>4. 위로를 해준다.<br>5. 가끔은 객관적인 조언도 필요하다. |

## 자존감 교육의 성패, 관찰과 대화에 달렸다

관찰은 아이의 능력을 살피는 것이고 대화는 아이의 마음을 살피는 일이다. 아이가 할 수 있는 것이 무엇인가에 대한 답은 관찰을 통해 알 수 있고, 아이가 원하는 것이 무엇인가에 대한 답은 대화를 통해 알 수 있다.

아이들은 자신을 객관화시키는 것에 서툴기 때문에 엄마가 관찰해서 알려준 것, 혹은 아빠와의 대화를 통해서 자신을 이해한다. 좋은 관찰자 부모 아래서 아이는 자신도 미처 알지 못했던 스스로의 가능성과 장점, 가치를 깨달아간다. 따라서 관찰을 잘하는 엄마, 대화가 잘통하는 아빠 곁에 있는 아이는 자존감이 높을 수밖에 없다.

내 아이의 자존감을 키우는 해답은 내 아이에게 있다. 다른 사람에게 묻지 말고 내 아이에게 묻자. 다른 아이들과 비교하지 말고 내 아이를 보자. 지금, 내 아이를 보고 내 아이에게 말을 걸자.

초등 자존감 교육법, 실생활에 어떻게 적용할까?

**자기 힘으로 해내는 아이를 키우는 네 가지 공식, 실생활 적용 노하우**

| | |
|---|---|
| 1. 할 수 있는 일은 | 대신 해주지 않는다. |
| 2. 못하는 일은 | 도와준다. |
| 3. 위험한 일이라면 | 안전한 환경을 만들어준다. |
| 4. 안 하려고 하는 일이라면 | 격려하고 기다린다. |

위 공식을 적용할 때 어려운 점은, 모든 상황이 위의 4가지 형태로 명확하게 구분되지 않는다는 데 있다. 아이의 반응 역시, 할 수 있는 일인데 못한다고 하기도 하고 위험한 일인데 할 수 있다고 하기도 하는 등 복합적이다. 따라서 부모의 유연한 선택과 대처가 필요하다. 다음의 사례를 통해 일상생활에서 맞닥뜨릴 수 있는 복합적인 상황과 대처 방법에 대해 좀 더 자세히 알아보자.

**[초4 남학생의 사례] 병원 예약으로 인해 학원을 빠져야 하는 상황**

"학원 선생님께 전화해서 오늘 못 간다고 말씀드리렴."

"그냥 엄마가 전화하면 안 돼요?"

"엄마가 해줬으면 좋겠어? 네가 할 수 있을 것 같아서 믿고 맡기는 건데, 원한다면 대신 해줄 수야 있지."

"엄마가 해주세요."

"그래, 그럼. 이번에는 엄마가 할게. 다음부터는 스스로 해보자!"

| | | |
|---|---|---|
| ☑ | 1. 할 수 있는 일 | 대신 해주지 않는다. |
| ☑ | 2. 못하는 일 | 도와준다. |
| ☐ | 3. 위험한 일 | 안전한 환경을 만들어준다. |
| ☑ | 4. 안 하려는 일 | 격려하고 기다린다. |

위의 경우에는 3가지 요소가 복합적으로 섞여 있다. 선생님께 전화해서 자신의 상황을 충분히 설명할 수 있지만, 아이는 감정적인 이유로 못하겠다고 생각하고 있고, 또한 안 하려고 하고 있다.

부끄러워서 혹은 귀찮아서… 이유는 상황에 따라 다르다. 이럴 때는 어떤 원칙을 우선순위로 삼아야 할까? 일단 기억해야 할 것은, 꼭 지켜야 할 절대 원칙 같은 것은 없다는 점이다. 할 수 있는 일이라도 아이의 반응을 살펴서 기다려주고 도와주는 융통성을 발휘해야 할 때도 있다. 단, 엄마가 대신 해주는 것을 당연히 여기지 않도록 다음부터는 스스로 해볼 것을 권하고 그런 방향으로 안내해야 한다.

## 위험한 상황이라면 어떻게 할까?

**[초2 남학생의 사례] 돈을 가져오라는 협박을 받고 있는 상황**

친구에게 아이스크림을 사주었더니 다음번에는 젤리를 사달라고 했
다고 한다. 습관이 될까봐 아예 돈을 학교에 가져가지 못하도록 막았
더니 친구가 "너 내일 돈 갖고 와. 안 가지고 오면 가만 안 둔다!"라고
했다고 한다. 겁에 질린 아이가 엄마에게 돈을 달라고 요구한다.

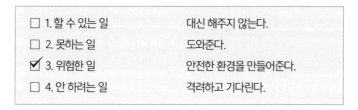

돈을 가져오지 않으면 가만두지 않겠다는 것은 협박이다. 협박을 받
고 있다는 것은, 아이가 현재 위험한 상황에 놓여 있다는 뜻이다. 학교
는 안전한 곳이어야 한다. 엄마의 개입과 교사의 도움을 통해 안전한 환
경을 만들어주어야 한다. 아이가 현재 상황에 대해 복합적인 반응을 보
인다 하더라도, 위험이 감지될 때는 먼저 그 위험을 제거하는 것을 우선
적으로 고려해야 한다. 다음과 같은 행동 지침이 도움이 될 수 있다.

**첫째, 마음을 읽어준다.**

"돈을 가져오지 않으면 가만 안 두겠다고 했다니 얼마나 놀랐니? 겁

이 나고 무서운 게 당연해."

둘째, 위험에 대해 객관적으로 설명한다.

"그런데 친구가 너를 위협한다고 해서 계속 과자를 사줄 수는 없어. 친구끼리는 돈을 요구해서는 안 돼. 그것은 잘못된 행동이야."

셋째, 위험 요소를 제거한 환경을 조성한다.

"선생님께 그 친구의 행동을 바로잡아달라고 말씀드릴 거야. 그래도 친구가 계속 너를 위협하면 친구의 엄마한테도 말할 거야. 그러니까 안심해. 그리고 앞으로 학교에는 돈을 가져가지 말도록 하자."

 친구에게 무언가를 자꾸 사주는 아이, 어떻게 해야 할까?

아이가 친구를 사귈 때 먹을 것을 사주거나 선물 사주는 것을 어느 정도 허용해야 할지 엄마들은 고민스럽다. 이 문제에 관해서라면 나는 애초에 그렇게 하지 않도록 지도하는 편이다. 베풀고자 하는 마음은 귀하다. 그러나 먹을 것으로 환심을 산 경우라면 그 행동이 계속되지 않는 한 결국 친구와 멀어진다. 물건으로 얻은 마음은 물건 없이 유지가 안 되고 물건 때문에 깨지기도 한다. 또 상대편 엄마에게도 부담이 될 수 있다. 받은 것에 상응하는 무언가를 되돌려주어야 한다는 압박감을 느낄 수도 있다. 친구에게 무언가를 사주고 싶은 마음은 예쁘지만, 친구를 사귀는 방법으로 물건을 주는 것은 적합하지 않다고 알려주는 게 필요하다.

## 관찰과 대화, 실생활 적용 노하우

아이가 거짓말을 한다면 부모로서 실망도 되고 걱정스럽기도 하다. 그러나 초등학생에게 거짓말은 매우 흔하다. 심각하게 생각하고 엄하게 꾸짖기보다 관찰을 통해 거짓말하는 이유를 살피고 대화로 풀어가는 게 좋다.

### 아이들이 자주 하는 거짓말 유형

**[유형 1] 회피형**

"선생님, 하늘이가 저한테 바보라고 놀렸어요."

"하늘아, 바보라고 말한 게 사실이니?"

"아니에요. 얘가 먼저 저를 놀렸어요."

문제의 화살을 다른 사람에게 돌림으로써 자신의 잘못을 회피하려고 할 때 나오는 거짓말이다. 바보라고 놀린 것은 사실이지만, 그 사실을 인정하지 않고 다른 친구가 더 잘못했다는 식으로 화제를 돌리려고 한다. 실제로 초등학생들이 자주 사용하는 거짓말 유형이다.

**[유형 2] 두려움형**

"하늘이 단원 평가 몇 점 받았어? 엄마, 궁금해."

"시험 봤는데 몇 점인지는 몰라요. 선생님이 안 알려주셨어요."

점수를 알고 있지만, 엄마에게 혼날까봐 모른다고 거짓말한 상황이다. 야단을 맞는 것에 대한 두려움이 거짓말로 이어지는 경우다.

### [유형 3] 습관형

두려움과 회피로 인한 거짓말에 익숙해지면, 그 후로는 반사적으로 거짓말을 하는 게 습관이 된다. 특별히 회피하고 싶은 상황도, 두려운 상황도 아닌데 거짓말부터 하게 된다.

회피나 두려움에서 나오는 거짓말을 너무 강하게 제재하면 도리어 거짓말 패턴이 습관화될 수 있다. 따라서 아이들의 거짓말을 다룰 때에는 아이들의 연약함을 먼저 고려해야 한다.

### 거짓말하는 아이와의 대화법

**첫째, 해결보다 경청이 중요하다.**

"네가 이유 없이 거짓말했다고는 생각하지 않아. 이유가 있을 거야. 엄마한테 얘기해봐."

"혼날까봐 그랬어요. 거짓말하면 안 혼날 거라고 생각했어요."

**둘째, 생각을 묻고 감정을 읽는다.**

"거짓말을 하는 네 마음도 편치 않았을 거야."

"불안했어요. 거짓말한 거 들통날까 봐."

"그래. 거짓말로 남을 속일 수는 있지만, 자신을 속일 수는 없거든. 창피하고 너 자신에게 떳떳할 수 없으니까 괴로운 거야. 그러니 너 스스로를 위해서 거짓말은 안 하는 게 좋아."

**셋째, 괜찮다고 위로한다.**

"모든 상황에서 항상 정직할 수 있는 사람이 얼마나 있겠니."

**넷째, 칭찬하기보다 격려한다.**

"엄마에게 솔직한 마음을 이야기해줘서 고마워. 앞으로도 거짓말하기보다 지금처럼 용기 내서 솔직하게 이야기해보렴."

위의 과정에 따라 대화를 하다 보면 아이의 자존감에 상처를 입히지 않고도 아이의 거짓말을 제재할 수 있다.

다음과 같은 잘못된 패턴으로 대화가 이어지지 않도록 주의하자.

---

**조언하고 해결부터 하려고 한다.**
"거짓말하면 안 돼. 정직해야지."

**감정의 이유를 묻고, 생각은 알아서 짐작한다.**
"왜 쓸데없이 거짓말을 해? 네가 거짓말하면 엄마가 속을 것 같아?"

**잘못했을 때를 훈육과 교정의 찬스로 여긴다.**
"너 학교에서도 이러니? 거짓말할수록 더 혼나."

**설득력 없는 칭찬을 한다.**
"거짓말하는 것만 고치면 엄마는 바랄 게 없어. 네가 최고라니까."

---

**Tip** 자꾸 거짓말하는 아이, 어떻게 다루어야 할까?

거짓말은 창피함이라는 감정과 맞닿아 있다. 수치심은 사람을 가장 작게 만드는 감정이다. 오죽하면 창피해서 쥐구멍에라도 숨고 싶다는 말이 있을까. 수치심은 자존감을 낮추는 핵심 감정이기에 가급적이면 거짓말을 안 하거나 줄여나가는 게 좋다.

하지만 "거짓말은 옳지 않다.", "정직해야 한다."는 식의 도덕적인 가르침은 아이에게는 와닿지 않는다. 아이들은 자기중심적으로 사고하기 때문에 도덕적인 당위성을 내세우기보다는 그 행동이 자신에게 어떤 식으로 작용하는지 알려주는 게 더 낫다. 즉 거짓말을 하지 않으면 스스로에게 떳떳해지고 더 당당해진다고 말해주는 편이 효과적이다.

## 엄마, 이런 말은 싫어요

① 하라면 좀 해.

(아이의 속마음) 내가 스스로 할 때까지 기다려줬으면 좋겠어요.

② 너 틀렸어.

(아이의 속마음) 나를 단정 짓는 말은 기분 나빠요.

③ 안 돼.

(아이의 속마음) 이유도 말 안 해주고 안 된다고 하는 건 너무하잖아요.

④ 어떻게 그것도 모르니?

(아이의 속마음) 조금 늦게 배울 수도 있잖아요.

⑤ 도대체 왜 자꾸 그래?

(아이의 속마음) 자꾸 실수해도 괜찮다고 말해주세요.

⑥ 왜 넌 이것도 못하니?

(아이의 속마음) 결과만 보지 말고 내 노력을 알아주세요.

⑦ 몇 번을 말해야 알아듣니?

(아이의 속마음) 몇 번이라도 친절하게 말해주세요.

## 나는 이런 말이 좋아요

① 엄마는 널 믿어.　② 고마워.　③ 사랑해.　④ 괜찮아.

## 엄마가 내게 가장 많이 하는 말

① 일어나.　　　② 밥 먹어.　　　③ 얼른 자.

# 초등 엄마가 힘든 이유

## 입학 시즌, 엄마의 불안감과 아이의 자존감

초등학교 입학을 앞두고 엄마의 불안은 커지기 마련이다. 워킹맘이라면 초등 입학에 맞춰 휴직이나 사직을 고려하기도 한다. 초등학교 입학은 왜 그토록 엄마를 불안하게 만드는 것일까? 영유아기와 초등기의 차이에서 그 이유를 찾을 수 있다.

### 엄마가 불안한 이유 세 가지

**첫째, 입학과 함께 비교가 시작되기 때문이다.**

영유아기 때까지는 키, 몸무게 등 발육 정도가 비교의 대상이었다면 초등학생 때부터는 공부, 운동, 친구관계까지 비교의 대상이 된다. 그로 인해 우월감과 열등감이 나타나며, 아이는 실패와 좌절을 경험한다. 엄마는 아이가 표준에 못 미칠까봐 불안하고, 실패로 인해 기죽을까봐 걱정이다.

**둘째, 입학과 함께 아이를 향한 평가자가 급증하기 때문이다.**

영유아기 때는 아이와 엄마의 일대일 관계가 생활의 많은 부분을 차지하지만 초등학교 때부터는 선생님과 친구들, 친구들의 엄마들까지 아이의 삶에 속하는 사람들이 많아지고 그로 인한 평가자 역시 늘어난다. 아이 역시 타인을 향한 관심이 생기면서 좋은 평가를 받고 싶어 하는 인정 욕구가 높아지는데, 칭찬받고 인기를 얻고 싶어 하지만 타인과의 상호작용 기술은 미숙하니, 툭하면 다툼이 일어난다. 다툼은 잦아지고 그것을 평가하는 사람은 많아지는데 아이 능력은 그에 못 미치니 엄마는 불안하기만 하다.

**셋째, 아이가 엄마의 통제에서 벗어나기 때문이다.**

영유아기 때까지는 아이가 늘 엄마 시선 안에 있었다. 넘어질까 부딪칠까 조마조마하는 마음은 있지만 돌발 상황이 생겨도 엄마가 통제할 수 있는 범위 안에 있기 때문에 불안감은 덜하다. 하지만 입학과 함께 아이는 엄마의 시선 밖으로 나가고 그때부터 엄마의 진짜 불안은 시작된다.

## 불안해서 모든 것을 다 해주려는 엄마

초등학교에 들어간 아이가 뒤처질까봐 엄마는 걱정스럽다. 1등은 못 해도 중간은 해야 한다고 생각한다. 자신감을 잃을까봐 불안한 엄마는 아이를 도와서 실패를 최소화한다. 아이 숙제와 준비물 챙기기는 물론 친구 사귀기, 반 모임에서 엄마들 알아가기, 성적 관리까지 도맡는다.

## 엄마는 전능하지 않다

엄마의 개입과 도움은 한계가 분명하다. 아픈 아이를 간호할 수는 있지만 아이 대신 아파할 수는 없다. 아이의 공부를 봐줄 수는 있지만 대신 시험을 쳐줄 수는 없다. 행복을 위한 여건을 마련해줄 수는 있지만, 아이 대신 행복할 수는 없다. 따지고 보면 엄마가 대신 해줄 수 있는 일은 거의 없다. 고통도 행복도 아이 몫이다. 엄마 덕분도, 엄마 때문도 없다. 아이를 사랑하고 그래서 뭐든 해주고 싶다 해도 대신 해줄 수 없는 한계를 인정해야 한다.

## 해결사 엄마는 의존적인 1학년을 만든다

엄마는 대신 해줌으로써 자신의 불안을 해소하려 하지만, 시간이 지날수록 엄마는 해결사를 자처하고 아이는 의존적이 된다. 의존하는 아이는 성장할 수 없다. 넘어질까 불안해 아이를 안고 다닌다면 어떻게 걷는 법을 배울 수 있을까. 넘어질 기회를 줘야 일어서는 법도 배운다. 넘어져도 일어설 힘을 키우려면 초등학령기부터 문제와 맞서는 법을 배워야 한다.

아이의 실수는 실수일 뿐이고, 그렇게 중요한 문제도 아니다. 학령기에 아이가 실패 없이 완벽하게 해내기를 바라는 마음은 욕심이다. 스스로 할 수 있다는 믿음이야말로 자존감이고, 그것은 자기 힘으로 해내는 가운데 자라난다.

### 믿어주는 엄마가 입학 자존감을 만든다

초등학교 교사인 나 역시 아이를 학교에 보내고 얼마 동안은 내내 불안했다. 초등학교의 현실을 잘 알고 있고, 학생 사이의 관계 문제도 훤히 알고 있었지만 아는 것이 불안감을 잠재워주지는 못했다. 이제 딸아이는 3학년이 되었다. 지금에서야 나는 그때 나의 염려가 다 쓸데없는 것이었음을 깨닫는다.

영유아기 때는 부모의 돌봄과 애착이 자존감을 좌우하는 결정적인 요인이었다면, 초등학교 시기에는 부모의 믿음이 자존감을 좌우한다. 아이를 둘러싼 평가에 예민하고, 아이가 나쁜 평판을 받을까봐 불안하다면 아이 대신 엄마의 불안부터 다루어야 한다.

시작은 서툴겠지만 아이는 스스로 해낼 것이다. 엄마 눈에는 한없이 부족해 보이는 아이지만, 실제로 그 아이는 학교에서 많은 일들을 스스로 해낸다. 엄마가 해주지 않아도 괜찮다. 엄마가 할 수 있는 최선은 아이를 믿는 것이다.

## 인간관계 난이도 최상, 엄마들의 반 모임

　'아이 친구 엄마'는 친구라는 이름을 붙이기에는 좀 어려운 관계다. 아이에게 친구를 만들어주려는 목적과 필요에 의해서 만남이 이루어지기 때문이다. 이해득실에 따라 인연이 이어질 수도 있고, 끝날 수도 있다. 그렇다고 업무적인 관계마냥 이익과 손해에 따른 반응을 대놓고 드러낼 수도 없는 노릇이다. 겉으로는 친구인 듯, 친구 아닌 친구 관계를 유지하면서 그 속에서 자신의 목적과 필요를 충족시켜야 하니 신경 쓸 게 한두 가지가 아니다. 내 친구를 사귀는 것보다 훨씬 어렵고 직장 동료나 상사를 대할 때와도 또 다르다. 에너지 소모도 엄청나고, 돈 낭비, 시간 낭비도 많다. 인간관계 난이도 최상이라고 할 수 있는 아이 친구 엄마와의 관계, 과연 어떻게 맺어나가야 할까?

## 아이 친구 엄마와 관계 맺는 법

**첫째, 사돈이라고 생각하자.**

나는 아이 친구 엄마들의 관계가 사돈 관계와 비슷하다고 생각한다. 나랑은 너무 다른, 그래서 내 자식이 아니라면 절대로 가까워지지 않았을 사람인데 아이가 좋다고 하니까 나도 만난다. 나를 내세우는게 도움이 안 되고, 자녀끼리 틀어지면 관계도 끝난다는 점에서 사돈과 비슷하다. 아이 친구 엄마들 대하기가 어려워 어떻게 해야 할지 모르겠다면, 일단 앞에 있는 사람을 사돈이라고 생각해보자.

**둘째, 무리하지 말자.**

여유롭게 시간을 보내야 충전이 되는 타입이라면 무리하게 모임에 남아 있지 않아도 된다. 밤 늦게까지 이어지는 수다 타임이나 주말의 캠핑이 버겁다면 하지 않는 편이 낫다. 그렇게 노력하고, 시간 투자 한다고 해서 그것이 꼭 아이들의 친분으로 이어지는 것도 아니다. 엄마들끼리 만남도 너무 잦으면 부작용이 생긴다. 말조심해야 한다고 생각하니 대화의 소재도 마땅치 않다. 멀뚱히 마주보는 어색함을 깨고자 던진 한마디가 후회로 남아 밤잠 설치게 될 수도 있다. 내가 무리하지 않는 선에서 기분 좋게 할 수 있는 것들만 해도 충분하다.

**셋째, 험담하지 말자.**

아이들의 마음은 수시로 바뀌기 때문에 친구관계도 견고하지 않다. 따라서 엄마들 간의 관계 역시 긴 시간 유지되는 경우는 많지 않다. 친해졌다고 할 말, 못 할 말 다 했다면 끝맺음이 껄끄럽다. 하지만 험담을 하지 않았다면 최소한 흉잡힐 일은 없는 셈이다. 아이들 험담은 물론이고 다른 엄마들 험담도 하지 말아야 한다. 욕은 돌고 돌아 당사자의 귀에 들어가고 내게 아픈 화살로 돌아올 수 있음을 기억하자.

### 넷째, 기대하지 말자.

기대가 크면 실망도 크다. 반 친구 엄마와 우정을 나누게 될 거라는 기대, 아이들끼리 오랜 사귐을 가질 거라는 기대 모두 안 하는 게 좋다. 아이들은 성숙하지 않고, 엄마들도 마찬가지다. 엄마들 사이에서도 따돌림이 있고, 그로 인해 이사 가는 일도 왕왕 벌어진다. 나이가 많아도 엄마 역할이 처음이라면 누구나 미숙할 수밖에 없다. 만약 아이가 1학년이라면 엄마도 1학년인 셈이다. 애초에 성숙한 관계를 기대하지 말자.

### 다섯째, 죄책감 갖지 말자.

아이들끼리 틀어지면 엄마들끼리도 만남을 유지하기가 어려워진다. 그러나 이것은 누구의 탓도 아니다. 친밀감을 형성하는 과정에서 문제가 생겼고 그것이 원만한 해결로 이어지지 않았을 뿐이다. 죄책감과 자존감은 반비례한다. 죄책감이 커질수록 엄마의 자존감은 낮아진다.

엄마의 자존감을 지키는 것이 아이에게 친구를 만들어주는 것이나 엄마들과의 관계를 유지하는 것보다 더 중요하다.


**여섯째, 시작을 안 하는 것도 방법이다.**

사람에 대한 기대감이나 불편함 등을 떨쳐낼 자신이 없다면, 아예 그 관계 속으로 들어가지 않는 것도 하나의 방법이다. 아예 시작하지 않는 것, 그것도 지혜로운 선택지다.

| 엄마들 모임을 대하는 적절한 태도 | |
|---|---|
| 1. 사돈이라고 생각하자. | 4. 기대하지 말자. |
| 2. 무리하지 말자. | 5. 죄책감 갖지 말자. |
| 3. 험담하지 말자. | 6. 시작을 안 하는 것도 방법이다. |

엄마들과의 관계에 장단점은 있지만 정답은 없다. 엄마의 상황과 아이의 성향에 따라 각자에게 맞는 최선의 선택이 있을 뿐이다. 엄마 친구들, 그 어려운 사귐을 하고 있는 모든 엄마들을 응원한다.

## 평판이 안 좋아질까 불안한 엄마

10년 넘게 초등학교 교사로 지내면서 학부모 문화가 예전과는 달라졌다는 걸 체감한다. 예전에는 아이에 대한 담임교사의 평가에 민감한 엄마들이 많았다면, 지금은 오히려 반 모임 안에서의 평판이나 주변 엄마들의 시선에 더 민감한 듯한 분위기다.

애를 왜 방치해?

엄마가 애 관리를 안 하나?

가정교육을 어떻게 했길래 애가 저래?

엄마들 모임에서 심심치 않게 나오는 게 바로 사람에 대한 판단이다. 사실에 근거한 객관적인 판단도 있겠지만, 사실 체크 없는 루머도 많다. 특정 아이와 엄마를 향한 저격이다 싶을 만큼 공격성을 띤 판단도 있다. 그렇다보니 혹시라도 아이의 평판이 안 좋아질까 불안한 엄마는 끊임없이 아이를 조심시킨다. 꼬투리 잡히지 않게 당부하는 엄마 마음도 무겁지만, 잔소리를 듣는 아이 마음도 무겁기는 마찬가지다. 평판에 대한 두려움 때문에 민감해져 있다면 다음의 지침을 참고해보자.

## 평판에 민감한 엄마가 구분해야 할 세 가지

**첫째, 고의적인 잘못과 의도치 않은 실수를 구분한다.**

아이가 실수한다 해도 엄마라면 이해할 수 있다. 하지만 아이를 잘 알지 못하는 사람들은 그 실수만으로 아이를 판단하고 낙인찍을 수 있기 때문에 엄마는 늘 불안하다.

그럴수록 기준을 확실하게 잡고 가는 게 좋다. 일단 내 아이의 행동이 고의적인 잘못인지 실수인지 구분해보자. 고의적인 잘못이라면 단호하게 바로잡아주어야 한다. 하지만 의도치 않은 실수라면 아이에게 좀 더 관대해져도 괜찮다. 실수는 실수일 뿐이다. 평가할 이유가 없다. 실수 그대로를 받아들이되 다음부터는 주의하도록 가르치는 것으로 충분하다. 실수를 아이의 가치와 연결해서는 안 된다. 남들의 평판을 의식해서 아이의 실수에까지 가혹한 판단을 들이밀지는 말자.

**둘째, 현재의 사실과 미래의 불안을 구분한다.**

엄마의 불안은 대부분 현재가 아니라 미래에 관한 것이다. 그런데 엄마가 걱정하는 그 미래는 불확실하다. 혹시라도 미래에 일어날지 아닐지 알 수 없는 일을 가지고 아이를 통제하려고 하는 것은 아닌지 체크해봐야 한다.

훈육이 필요하다면 현재의 사실만 가지고 해야 한다. 아이가 친구와 게임을 했는데 졌다. 아이는 눈물을 글썽이며 친구에게 앞으로 너랑 안 놀겠다고 쏘아붙인다. 이때 엄마가 "게임에 져서 속상하구나. 그건 알 겠어. 그런데 갑자기 울면서 안 논다고 하면 친구도 속상해."라고 말한 다면 현재의 사실만 가지고 훈육을 하는 것이다.

그런데 "너 자꾸 이러면 왕따 돼.", "계속 이러면 친구들이 다 싫어 해.", "이상한 애라고 찍히는 거야."라고 한다면 미래에 대한 엄마의 불 안 때문에 아이를 통제하고 있는 것이다.

미래에 대한 부정적인 상상과 염려 때문에 아이를 겁주는 것이 과 연 올바른 훈육일까? 불안으로 인해 불확실한 미래의 일까지 들먹이 며 아이를 잡는 것은 아닌지 점검해봐야 한다.


**셋째, 아이다움과 애어른을 구분한다.**

아이는 아이다워야 하고 그래야 정상이다. 아이답다는 것은 세련된 말씨나 매너와는 거리가 멀다는 뜻이다. 즉흥적으로 행동하고 뜬금없 는 말을 늘어놓는 것이 아이들이다. 평판을 의식한 엄마는 내 아이가 누가 봐도 예의 바르고 단정한 모습이길 바라지만, 그렇게 되면 아이 는 아이다울 수 없다.

혹시라도 아이다움을 교정해서 애어른으로 훈육하고 있는 것은 아닌지 생각해봐야 한다. 예의 바른 어른도 흔치 않은데, 이제 초등학생인 아이가 깍듯하고 바르게 행동할 수 있을까? 아이는 크면서 예절을 배워 나간다. 아이에게 어른스러움을 강요하지 말자. 아이는 아이다울 때 행복하고 아이다워야 자연스럽고 편안하다. 굳이 일찍 철들게 하지 않아도 괜찮다.

사실 평판에 대한 두려움은 아이의 것이 아니라 엄마의 것이다. 따라서 아이를 바꾸려 할 것이 아니라 엄마가 달라져야 한다.

### 평판에 대한 불안을 다루는 세 가지 방법

**첫째, 남의 시선보다 내 아이를 살피자.**

평판을 의식하는 엄마의 마음속에는 불안이 숨어 있다. 그 불안은 혹시라도 나나 내 아이가 비난의 대상이 될지도 모른다는 두려움에 기인한다. 남의 시선에 대한 두려움이 클수록 아이를 살필 힘은 줄어든다. 남들의 속내를 살피는 데 에너지를 쏟게 되면 정작 아이를 대할 때는 내키는 대로 행동하기 쉽다. 아이는 내가 어떻게 하든 안전한 대상이기 때문이다. 그러나 엄마가 지켜야 할 대상은 타인이 아니라 아이다. 그것을 기억해야 한다.

**둘째, 평판에 휘둘리지 말고 나만의 기준을 세우자.**

아이를 판단하는 기준은 사람마다 다르다. 믿고 지켜보면 누군가는 방치라 하고, 앞장서면 또 누군가는 극성이라고 한다. 기준이 다르니 중간 지점을 찾기도 어렵다.

일단 아이가 남에게 피해주지 않고 성실하게 학교생활을 하고 있다면 남의 말에 휘둘리지 않아도 된다. 기준은 부모가 세워야 한다. 그리고 그것을 바탕으로 일관성 있게 아이를 훈육해야 한다.

나는 '위험하거나 남에게 피해를 주는 일이 아니라면 괜찮다'는 기준을 갖고 있다. 부모가 이러한 기준이 없다면 남의 눈치를 살피게 되고, 남들의 시선에 따라 아이를 움직이게 된다. 부모의 기준이 명확할수록 남의 시선에서 자유롭고 흔들림이 없다. 평판에 휘둘리지 말고 자신만의 기준을 세우자. 아이에 관해서라면 그 누구보다 엄마가 옳다.

**셋째, 아이에게 실수를 만회할 기회를 주자.**

다른 사람이 내 아이의 실수에 관대하지 않을 때, 엄마까지 아이에게 돌을 던지고 있는 것은 아닌지 돌아봐야 한다.

아이가 실수하더라도 만회할 기회를 주자. 다른 아이에게도 마찬가지다. 어른에게도 두 번째 기회가 필요한데 아이에게라면 그 기회를 무한히 내주어야 한다. 아이는 완성품이 아니다. 실수하는 것이 당연하다.

| 평판에 민감한 엄마가<br>구분해야 할 세 가지 | 평판에 대한 불안을 다루는<br>세 가지 방법 |
|---|---|
| 1. 고의적인 잘못인가,<br>   아니면 의도치 않은 실수인가?<br>2. 현재 사실에 대한 훈육인가,<br>   아니면 불안감으로 인한 훈육인가?<br>3. 아이다움을 지켜주고 있는가,<br>   이니면 어른다움을 강요하고 있는가? | 1. 남의 시선보다 내 아이를 살피자.<br>2. 평판에 휘둘리지 말고 나만의 기준을 세<br>   우자.<br>3. 아이에게 실수를 만회할 기회를 주자. |

인간은 사회적인 동물이기 때문에 다른 사람이 나를 어떻게 보느냐가 자존감에 영향을 미친다. 하지만 아이의 자존감에 가장 큰 영향을 주는 사람은 누가 뭐라 해도 곁에 있는 엄마다. 아이는 엄마의 시선에 가장 큰 영향을 받는다. 교사도, 친구도 그 다음이다. 긍정적으로 바라봐주는 엄마가 있다면 다른 사람의 시선이야 어떻든 아이의 자존감은 안전하다.

"누구랑 놀았어? 친한 친구 누구야?" 걱정을 부르는 질문

**[초1 여학생의 사례] 1학년 첫 현장학습**

반 단톡방에 사진이 올라오면, 엄마들은 한 장 한 장 살피면서 내 아이가 누구와 있는지 확인한다. 그러다가 아이 혼자 놀고 있는 사진이라도 눈에 띄면 가슴이 덜컥한다. 단체사진에서도 한쪽 끝 외진 자리에 앉아 있다면 더 불안하다. 현장학습을 손꼽아 기다 렸는데, 가서 외톨이가 된 것은 아닐지 마음이 상한다. 현장학습 에서 돌아온 아이를 붙들고 묻는다.

"버스에서 누구랑 앉았어? 점심은 누구랑 먹었어? 누구랑 놀았 어?"

"번호대로 앉았어. 밥은 모둠끼리 먹고. 누구랑 놀긴, 친구들이랑 놀았지."

아이는 씩씩한데, 엄마는 불안하기만 하다.

## 걱정 질문 1: 누구랑 놀았어?

딸아이 1학년 때 이런 질문을 참 많이도 했었다. 그때마다 아이는 귀찮아했는데, 나는 지치지도 않고 캐물었다.

그런데 이상한 것은, 아이가 어떤 대답을 하던 마음이 놓이지 않더라는 점이다.

"오늘 학교에서 누구랑 놀았어?"

"이슬이랑 놀았어요."

이렇게 대답하면 일단은 좀 안심이다.

'그래, 친구가 있긴 있구나. 다행이다.'

그런데 다음 날 아이의 답이 이렇게 바뀌면 가슴이 철렁 내려앉는다.

"이슬이가 하늘이랑 놀아서, 나는 혼자 놀았어요."

'맙소사, 혼자 놀았다고? 왜 혼자 놀았지? 이슬이랑 싸웠나? 혹시 애들이 안 놀아주는 걸까?'

그때부터 마음속은 시끄러워진다. 하지만 나는 이미 알고 있었다. 1학년 아이가 혼자 놀았다고 해서 크게 걱정할 필요는 없다는 것을. 하지만 학부모의 역할이 처음이었던 나는 아는 것으로 불안을 잠재우지 못했다.

사실, 초등 저학년 때는 혼자 노는 게 보편적이다.

싸워서도 아니고, 친구가 없어서도 아니다. 따돌림 또한 아니다. 이 시기의 아이들은 어떤 날은 같이 노는 걸 즐거워하고, 어떤 날은 혼자 놀고 싶어 한다. 혼자 노는 아이와 함께 노는 아이들이 뒤섞여 있는 게 초등학교 저학년 교실의 흔한 풍경이다.

그리고 누구와 노느냐보다 더 중요한 것은 뭘 하고 놀았느냐이다. 저학년 아이들은 '친구'보다 '내가 하고 싶은 놀이'가 우선이다. 하고 싶은 놀이가 있다면 그 놀이를 같이 할 친구를 찾고, 같이 하겠다는 아이가 있으면 누구든 대환영이다. 놀이의 선호도에 따라 함께하는 친구가 변하는데 저학년 때는 이게 건강한 놀이 방식이다.

그러다가 커갈수록 '놀이 종류'에서 '친구'로 중요도가 옮겨진다. 보드 게임이 하고 싶어도 친한 친구가 싫다고 하면 접는다. 다른 친구를 찾지 않고 그 친구와 놀 수 있는 다른 방식을 찾는다. 그러다가 초등 6학년쯤 되면 함께 노는 친구가 고정된다. 놀이 종류와 놀이 방식은 바뀌어도 누 구랑 노는지는 변하지 않는다. 매일 매시간 거의 일 년을 같은 친구와 지내다보니 사귐의 폭은 좁아진다.

저학년 때는 아이가 혼자 놀았다고 해서 친구가 없는 게 아니다. 오히려 특정 아이와 계속 놀았다고 해도 꼭 그 친구와 친하지 않을 수도 있다. 그러니 혼자 논다고, 노는 아이가 계속 바뀐다고 걱정하지 말자. 만약 아이의 학교생활이 궁금하다면, 친구를 묻는 대신 이렇게 묻자. "오늘 하루 어땠어? 뭐가 제일 재밌었어?"

## 걱정 질문 2: 친한 친구 누구야?

이 질문 역시 아이가 뭐라고 답을 하던 엄마는 걱정스럽다.

[초1 여학생의 사례] 엄마가 "친한 친구 누구야?"라고 묻는 상황

"이슬이."

→ 이슬이 말고는 친구가 없나?(살짝 걱정)

"이슬이, 하늘이, 구름이."

→ 이슬이, 하늘이, 구름이도 얘랑 친하다고 생각할까?(불안+걱정)

"다 친해."

→ 진짜 친한 친구는 없다는 거 아니야?(의심+걱정)

"나 친한 친구 없어."

→ 어쩜 좋아.(몹시 심각)

어른들은 '친구'의 기준이 명확하다. 아는 사람이 수십 명이더라도 친구와 지인, 가장 친한 친구와 얼굴만 아는 사람 등으로 단박에 나눌 수 있다.

하지만 1학년 아이들은 그렇지 않다. 다 같은 친구다. 친한 친구, 안 친한 친구라는 기준이 불분명하다. 그러니 누구랑 친하냐고 물으면, 뭐라고 답해야 할지 혼란스럽다. 그래서 그날 논 친구의 이름을 말한다. 일단 가장 빨리 생각나는 게 오늘 같이 논 친구의 이름이기 때문

이다. 그러다가 매일같이 이 질문이 반복되면 귀찮은 마음에 아무 이름이나 대기도 한다.

'친하다'는 의미도 다르다. 엄마가 생각하는 친한 친구란, 마음을 나눌 수 있고 삶을 공유할 수 있으며 고민을 터놓을 수 있는 상대다. 초등학교 1학년에게 친한 친구란, 같이 논 친구 혹은 같은 학원 다니는 친구 정도다. 아이들은 엄마처럼 진지하게 생각하지 않는다. 고민을 나누고 마음을 함께한다는 것을 아직 모른다. 같이 즐겁게 놀면 친하다고 여긴다. 그래서 엄마에게는 한두 명인 친한 친구가, 아이에게는 수십 명일 수도 있다.

| | 엄마 | 아이 |
|---|---|---|
| 친구의 기준 | 명확함 | 불분명함 |
| 친한 친구의 의미 | 삶을 공유하는 사람<br>고민을 터놓는 상대 | 같은 반 친구<br>오늘 같이 논 친구 |
| 친한 친구의 숫자 | 보통 한두 명<br>서로가 서로를 친하다 여김 | 수십 명이 될 수도 있음<br>혼자서 친하다 여길 수도 있음 |

### 걱정 질문 3: 하굣길에 누구랑 왔어?

엄마는 아이가 누구와 하교를 하는지도 궁금하다. 다른 아이들은 친구와 손을 잡고 웃으며 교문을 나서는데, 내 아이만 혼자서 터벅터벅 걸어 나오면 엄마는 불안하다.

'무슨 일 있었나? 친구랑 다퉜나? 같이 다니는 친구가 없나?'

하지만 의외로 아이의 친구 관계와 하교 동무는 별 연관성이 없다.


**첫째, 친구를 기다려주는 것은 고학년은 되어야 가능하다.**

친구를 기다려주고 같이 하교하는 사회적 관계는 고학년 때부터 시작된다. 고학년의 경우, 친구가 청소당번이라면 함께 청소까지 해주면서 기다린다. 친구와 같이 하교하기 위해 기꺼이 불편함을 감수하는 것이다. 하지만 1학년은 자기중심적인 사고가 강하기 때문에 기다려준다는 생각을 애초에 잘 하질 못한다.


**둘째, 누구보다 빨리 나가고 싶어 한다.**

하교시간을 알리는 종소리에 맞춰 눈썹이 휘날리게 나가려는 아이들이 많다. 이유는 단순하다. 1등으로 나가고 싶기 때문이다. 먼저 나가느냐를 두고 아이들끼리 나름의 경쟁을 하기도 한다. 친구랑 같이 나가는 것보다 내가 1등으로 나가고 싶은 게 1학년의 마음이다.


**셋째, 속도가 다르다.**

아이가 누군가와 같이 나온다면 그 아이와 친하기 때문일 수도 있지만, 우연일 가능성도 높다. 알림장을 비슷한 속도로 쓰고, 실내화를 갈아 신은 타이밍이 딱 맞아서 같이 교문까지 온 것일 수 있다. 반대로 아이가 혼자 늦게 나왔다면 알림장을 늦게 쓰거나, 가방을 챙기는 것이 늦어졌기 때문일 수도 있다. 친구 때문이 아니라 속도가 다르기 때문에 생기는 일이다.

---

### 걱정을 부르는 질문은 이제 그만!

누구랑 놀았어? ‖ 친한 친구 누구야? ‖ 하굣길에 누구랑 왔어?
지금부터는 모두 OUT!

---

이런 질문은 엄마의 불안을 덜어주기보다 오히려 친구에 대한 걱정을 자극한다. 아이로 하여금 엄마의 관심이 '나'보다 '친구'에게 있는 것처럼 느껴지게 만들기도 한다. 이제부터는 누구랑 가깝냐고 묻는 대신에 아이가 자신의 이야기를 할 수 있도록 질문의 내용을 바꿔보자.

### 유일한 엄마 역할

입학한 아이에게 엄마만이 해줄 수 있는 일은 무엇일까? 아이에게 친구를 소개시켜주는 것, 반 모임에 참석해서 아이 친구 엄마들과 사귐을 갖는 것, 한때는 나도 그것이 엄마의 역할이라 여겼다. 그런데 친구를 사귀는 것도, 학교생활에 적응하는 것도 때가 되니 모두 아이 스스로 해냈다.

그러고 보니 엄마의 유일한 역할은, 아이를 믿어주는 것뿐이다. 믿어준다는 것은, 아이가 못 미덥게 보이더라도 너는 할 수 있다고 응원해주는 것이다.

딸아이는 벌써 열 살이다. 이제 웬만한 일은 척척 해낸다. 이렇게 빨리 커버릴 줄 알았다면, 어릴 때 맘껏 믿어줄 것을… 잘 자란 아이를 볼 때마다 대견하고 고맙지만 한편으로는 그때의 선택이 아쉽기도 하다.

### 믿어주어야 할 때

어릴수록 믿어줘야 한다. 실수가 잦을 때, 불안할 때 더욱 믿어주어야 한다. 의젓하고 성숙할 때 믿는 것은 누구나 할 수 있지만, 그렇지 못할 때 믿어주는 것은 엄마만이 할 수 있다.

아이들은 자신이 가장 못 미더워 보일 때, 불안과 걱정에 휩싸여 있을 때 엄마의 믿음을 가장 원한다. 엄마 속을 까맣게 태우는 그 시점에 사실 아이는 더 강한 믿음을 원하고 있는 것이다.

## 믿음은 선택이다

아이는 엄마의 시선을 귀신같이 알아챈다. 믿고 있다는 것도, 그렇지 못하다는 것도 모두 다 안다.

아이에게 사교육을 시키지 않은 것, 피아노와 영어를 늦게 시작한 것, 또래에 비해 출발이 늦었고 그래서 더딘 것 등은 전혀 후회되지 않는다. 그런 것은 결국 아이의 선택이기 때문이다. 그런데 아이를 온전히 믿어주지 못했던 것은 아쉬움으로 남는다. 왜냐하면 그것은 나의 선택이었기 때문이다.

## 만약 그때로 다시 돌아갈 수 있다면

초등학교 입학 시즌, 늘 불안했던 그때로 다시 돌아간다면 나는 반모임에 나가 다른 아이들에 대한 정보를 얻으려고 애쓰지 않을 것이다. 내 불안을 해결하고자 별거 아닌 일로 아이를 추궁하고 다그치지 않을 것이다. 오직 아이를 믿어주는 것에 온 힘을 다할 것이다. 스스로를 믿지 못해서 불안해하는 아이에게 믿음을 주는 단 한 사람이 될 것이다.

지금은 알고 있다. 아이는 엄마가 믿음을 주는 대로 자란다는 것을.

## 하굣길, 딸도 엄마도 혼자였다

출근하지 않는 재량휴업일이 되면, 딸의 등하굣길을 함께한다. 이제는 3학년이라 혼자서도 잘 다니지만 그래도 잊지 않고 나간다. 워킹맘인 엄마라서 평소에는 해줄 수 없는 일, 그렇기 때문에 더욱 소중한 시간이다.

아침 등굣길, 교문 너머로 딸의 뒷모습이 아른거릴 때까지 바라보다가 돌아선다. 1학년 때는 너무 커 보였던 책가방이 이제는 몸에 맞춘듯 어울린다. 그새 많이 컸구나 싶어 가슴이 뭉클하다.

하굣길은 인산인해였다. 1학년 아이를 마중 나온 엄마들이 대부분이었지만, 가끔 낯익은 얼굴도 보인다. 반 모임에서 만났거나 같은 단지를 오가며 마주쳤던 얼굴들. 먼저 인사를 할까, 몇 번을 쭈뼛거리다 결국 입을 떼지 못하고 돌아선다. 내 어색한 인사가 엄마들의 담소를 방해할 것 같아 그만 소심해진다.

그렇게 교문 앞에 서 있으면 언제나 그렇듯 여러 감정이 교차한다. 딸을 기다리는 설렘과 무리 속에서 느끼는 어색함.

그때, 종소리와 함께 아이들이 쏟아져 나온다. 친구와 손을 잡고 나오는 아이, 와글와글 무리 지어 나오는 아이들을 보면서 '딸은 누구랑 나올까?' 혼자 상상해본다. 드디어 아이 반 친구들의 얼굴이 보이기 시작하고, 몇몇 아이들이 다정하게 팔짱을 끼고 나오는 모습을 보면서 살짝 기대를 해본다.

'저번에 친하다고 했던 그 친구와 나오지 않을까? 아니면 어제 새로 짝이 되었다던 그 친구랑?'

저 멀리서 아이의 얼굴이 보인다. 그런데 혼자다. 그래도 아이는 함박만 한 웃음을 지으며 엄마에게 뛰어와 안긴다. 그 얼굴을 보면서 나는 묻고 싶었던 질문들을 꿀꺽 삼킨다. '왜 다른 애들이랑 나오지 않았어?', '친한 친구는 누구야?', '오늘 누구랑 놀았어?'

아이는 지금 엄마를 만난 것이 마냥 기쁘다. 그 기쁨에 엄마의 불안을 끼얹을 수는 없다. 지금 내가 느끼는 불안은 나의 것이지 아이의 것이 아니니까.


단짝도 없고 친한 무리도 없지만 아이는 즐겁게 학교에 다닌다. 엄마에게 뛰어와 안길 때의 환한 얼굴, 함께 손을 잡고 걸을 때 느껴지는 들뜬 발걸음, 편의점에 들어가 아이스크림을 고를 때의 그 행복한 미소… 그 모습을 보면서 꼭 친구만이 아이에게 만족감과 행복을 줄 수 있는 것은 아님을 다시 한 번 확인한다. 아이에게 기쁨을 줄 수 있는 일은 너무도 많고, 아이를 행복하게 해줄 수 있는 힘은 엄마에게도 있다.

아이도 혼자고, 나도 혼자였지만 아이도 나도 외롭지 않았다. 내가 아이에게 단짝을 만들어 주는 것은 불가능하다. 하지만 내가 아이의 친구가 되는 것은 가능하다. 딸에게 동갑내기 단짝이 생길 때까지 아마 우리는 이렇게 서로의 단짝으로 지낼 것이다.

2년 전, 1학년 딸아이를 혼자 배웅 나갔을 때 느꼈던 외로움과 소외감, 혼자 교문을 나오는 아이를 바라보며 가슴 저렸던 기억이 지금도 생생하다.

하지만 이제는 '그땐 그랬었지.' 하며 훌훌 털어버릴 정도로 마음이 자랐다. 아이가 자란 만큼 엄마로서의 나도 훌쩍 자란 모양이다.

3교시

# 초등 친구 자존감 : 저학년 편

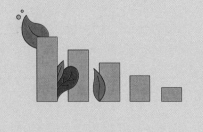

## 핵심은, 싸워볼 수 있는 용기와 화해력

인간은 사회적 동물이라는 것을 아이를 키우며 실감한다. 돌 무렵까지는 엄마가 세상의 전부지만, 초등학생이 된 아이에게는 또래 친구의 영향력이 커진다. 친구가 없으면 학교도 가기 싫어한다. 아이 표정의 맑음과 흐림이 친구 관계에 의해 달라진다. 이렇게 친구의 영향력이 절대적이다 보니 엄마들은 너도나도 친구 만들어주기에 발 벗고 나설 수밖에 없다.

그런데 과연 친구를 만들어주기만 하면 아이의 자존감이 높아질까? 친구가 자존감의 근원일까?

그렇지는 않다. 내 편이 되어줄 단 한 명의 친구가 있어야 하는 것은 맞지만 친구가 적다고 자존감이 낮고, 친구가 많다고 자존감이 높다고 볼 수는 없다. 친구 수와 자존감은 비례하지 않는다.

## 적이 없는 아이가 자존감이 높다

그렇다면 무엇이 친구 자존감을 결정할까? 친구 자존감을 결정하는 것은, 친구의 많고 적음이 아니라 내게 적이 없다는 그 사실이다. 교실에 껄끄러워 얼굴 마주치기 불편한 친구가 있다면 당연히 친구 관계는 위축될 수밖에 없다. 그럴 때는 내 편이 있다 해도 친구 관계에 소극적인 태도를 보이게 된다. 오히려 친구가 많지 않더라도 적이 없고, 두루두루 좋은 관계를 맺고 있는 아이가 더 씩씩하고 당당하다.

그렇다면 어떻게 해야 두루두루 좋은 관계를 맺을 수 있을까? 마음이 상해도 무조건 참기만 해야 할까? 아니면 싸움에서 먼저 이겨 기선을 제압해야 할까?

가장 중요한 것은 잘 싸우고, 좋게 화해하는 법을 배우는 것이다. 다툰 다음 화해까지 해보는 경험은 아이를 더 단단하게 만든다. 엄마가 친구를 만들어준다 하더라도 관계를 단단하게 다지는 것은 아이 몫이다. 갈등이 힘들어도 아이 스스로 부딪치면서 깨달아야 한다.

## 싸움을 피하는 이유

간혹 싸움을 피하는 아이들이 있다. 감정을 내세우고 목소리를 높이는 싸움의 과정을 불편해하는 경우다. 하지만 싸울 수 있는 것도 용기다. 주장을 하고, 감정을 드러내고, 상대방의 화난 얼굴과 감정을 마주하는 것은 누구에게나 조금씩 불편하다. 그래도 자신에 대한 신뢰가 있는 아이들은 불편하다고 그 과정을 회피하지 않는다.

물론 싸우지 않는 편이 더 좋고, 다툼 없이 해결하는 게 최선인 것은 맞다. 하지만 자신의 생각을 표현하고, 감정에 솔직할 수 있는 용기도 가지고 있어야 한다. 자존감은 갈등을 마주하고 해결해본 경험을 통해 자라난다. 욕을 하거나 폭력을 쓰지 않는다는 대전제가 지켜진다면, 친구와의 다툼과 화해의 경험은 자존감 형성에 꼭 필요하다.

## 화해의 두 가지 의미

관계를 복구하는 것만이 화해는 아니다. 화해했다 하더라도 전과 같은 관계로 돌아가지 못할 수도 있다.

진정한 화해란, 적이 되지 않는 것이다. 이전의 살가웠던 관계로 돌아갈 수 없다 하더라도, 적이 되어 서로를 헐뜯지 않는다면 화해다.

또한 상처를 보듬는 것이 화해다. 미안하다는 말, 따뜻한 악수, 진심 어린 눈물로 서로의 상처에 공감하고 아파하고 안아주는 것, 서로의 상처를 치료하는 과정 그것이 바로 화해다.

| 자존감의 핵심 | 싸움을 피하는 두 가지 이유 | 화해의 두 가지 의미 |
|---|---|---|
| 1. 싸워볼 용기 <br> 2. 화해력 | 1. 싸우는 상황이 불편해서 <br> 2. 용기가 없어서 | 1. 적이 되지 않는 것 <br> 2. 상처를 보듬는 것 |

"싸우지 말고 사이좋게 지내."

엄마라면 누구나 한 번쯤은 이런 말을 해봤을 것이다. 물론 친구와 다투지 않고 사이좋게 지낼 수 있다면야 좋겠지만, 그것은 너무나 이상적인 이야기다. 어른도 싸움을 피할 수 없는데, 자기중심적 사고에서 벗어나지 못한 저학년에게 싸우지 말라는 것은 숨 쉬지 말라는 것만큼 어려운 과제다.

싸움을 피하는 것도, 무조건 싸움에서 이기는 것도 자존감을 높이는 데는 도움이 되지 않는다. 오히려 자존감은 다투고 화해하는 과정 속에서 자란다. 싸우지 말라는 말 대신 잘 싸우고 제대로 화해하라고 당부하자. 싸워도 된다. 못 싸우게 하지 말고 잘 싸우게 하자.

 **Tip** 화해력을 키우는 엄마의 말

"친구와 사이좋게 지내야지."

→ 친구랑 싸울 수도 있어. 말로 네 마음과 생각을 잘 이야기해봐.

"친구랑 싸우면 안 돼!", "자꾸 싸울 거면 놀지 마!"

→ 싸우더라도 화해는 꼭 해야 해. 적이 되지는 마.

친구가 놀린다면, "넌 뭐라고 했어?"

[초2 남학생의 사례]

"야, 구름빵~~~ "

"(울먹이며) 너, 왜 자꾸 놀려?"

"아니 왜애~~ 너 구름빵 맞잖아? 이름이 구름이니까 구름빵이지! 크크크크."

"선생님, 얘가 자꾸 구름빵이라고 놀려요."

짓궂게 놀리는 친구에게 마음이 상하자, 구름이는 선생님을 찾아갔다. 그런데 놀린 친구는 아무렇지도 않다는 듯 이렇게 중얼거린다.

"아, 저는 그냥… 재미로… 장난인데요."

초등학교 저학년이라면 놀림은 일상이라 할 만큼 흔하다. 살집이 있으면 뚱뚱보라고, 키가 작으면 땅꼬마라고 한다. 이름으로 놀리는 일도 많다. 그런데 종종 하지 말라고 해도, 끊임없이 놀리는 아이가 있다.

왜 놀리느냐고 물어보면 대답은 하나다. 재미있단다. 1학년이라면 그래도 납득이 가지만, 이런 어처구니없는 대답을 6학년이 할 때도 있다.

그럴 때는 단호하게 알려주어야 한다. 친구를 불편하게 하고 상처주는 말은 장난이 될 수 없다고. 짓궂게 놀리는 것은 상대방을 존중하지 않는 태도다. 아이가 자신의 언행을 돌아볼 수 있도록 엄마나 어른들이 나서서 행동의 의미를 일러주어야 한다.

 장난으로 친구를 놀리는 아이에게 해줄 수 있는 말

① 재미있다고? 누가? 놀리는 네가 재미있다는 거니? 아니면 당하는 친구가 재미있어 한다는 거니? 어느 쪽이야?

② 친구에게 한번 물어봐. 재미있었냐고.

③ 네가 재미있으면 친구도 재미있을 거라고 생각해? 장난은 네 기준이고, 네 재미를 위해서 친구를 괴롭히고 있는 거야.

놀리는 아이의 입장에서는 장난이라 해도, 그로 인해 다른 사람이 상처를 입었다면 괴롭힘이고 폭력이다. 이 당연한 사실을 아이들은 모른다. 가르쳐주어야 한다. 일찍 배울수록, 빨리 깨달을수록 좋다.

## 놀리는 친구 대처법

친구에게 놀림을 당한 아이가 울면서 왔다면, 엄마는 속이 상한다. 어떻게 해야 할까? 무시하는 것도 하나의 방법이지만, 정작 놀리는 쪽에서는 잘 알아채지 못할 수도 있다. 놀려도 반응이 없으면 재미가 없어서 그만둘 수도 있지만, 오기가 나서 더 할 수도 있다.

놀림을 당하면 울음부터 터지는 아이들도 있다. 저학년일수록 그렇다. 고학년으로 갈수록 우는 아이는 줄어든다. 눈물이 최선이 아니라는 것을 경험했기 때문이다. 친구를 놀리는 아이는 상대방이 운다고 미안해하지 않는다. 울면 오히려 만만히 보고 더 한다.

놀림에 대한 가장 적절한 대처는 직접 의사를 표현하는 것이다. 기분이 나쁘다는 감정을 밝히고, 싫으니 하지 말라고 분명히 요구해야 한다. 단호하게 말하면 상대방도 움찔한다. 눈물이나 무시보다 더 효과적이다. 친구가 놀리면 눈물부터 나서 말문이 막히는 아이들이라면 선생님이 말해줄 수도 있고, 엄마가 나서서 도와줄 수도 있다. 하지만 궁극적으로는 아이가 스스로 표현해야 하고, 그렇게 할 수 있도록 가르쳐야 한다. 엄마가 언제까지 아이의 입술이 되어 줄 수는 없다. 선생님이 항상 보호해 줄 수도 없다. 최선은 아이가 자기 힘으로 놀림에 대응하는 것이다.

| 놀리는 친구에 대한 효과적인 대처법 | 효과 없는 대처법 |
|---|---|
| 최선: 아이가 자기 힘으로 대응<br>차선: 아이가 선생님께 도움 요청, 교사의 중재와 개입<br>차차선: 엄마가 선생님께 도움 요청, 교사의 중재와 개입 | 무시 → 무반응이라 여기고 더 함.<br>울음 → 울면 만만히 봄.<br>엄마 직접 개입 → 계속 대신해줄 수 없음. |

## 놀림당한 아이에게 꼭 물어야 하는 말

아이가 놀림을 당했을 때, 엄마는 답답한 마음에 친구 엄마에게도 물어보고, 선생님에게도 상담을 요청한다. 그런데 정작 아이에게는 묻지 않는다. 사실 아이가 가장 많은 것을 알고 있는데도 말이다.

친구가 놀려서 속상해한다면 아이에게 이 질문을 꼭 해봐야 한다.

"많이 속상했겠네. 그런데 친구가 놀렸을 때, 너는 뭐라고 했어?"

아이가 어떻게 대응했는지를 확인해야 한다. 그래야 앞으로 어떻게 해나갈지를 가르칠 수 있다.

"아무 말 안 했어."

이런 대답을 들으면 '왜 가만히 있었어? 그럼 만만히 보고 더 놀리잖아!' 하는 말이 가슴속에서부터 솟구치지만 그렇게 말하는 대신 다음과 같이 말해주어야 좋다.

"네가 가만히 듣고만 있으면, 너를 놀린 아이는 네 마음을 알지 못해. 네 기분을 상하게 한 것조차 모를 수 있어. 다음부터는 가만히 있지 말고 너도 얘기를 해."

"뭐라고 말해야 해?"

"네 생각과 기분을 말해야지. 친구가 너한테 구름빵이라고 했을 때 넌 어땠어?"

"기분 나빴지. 진짜 싫어. 난 걔 놀린 적 없어. 왜 말을 그렇게 해?"

"그래, 다음부터는 그렇게 직접 말을 해. 나는 너 놀린 적 없다. 왜 말을 그렇게 하냐. 진짜 기분 나쁘다고 그대로 얘기하면 돼."

"근데 막상 말이 안 나와. 눈물만 나려고 하고, 무슨 말을 할지 생각이 안 나."

"그럴 수 있어. 친구한테 생각지도 않은 공격을 받으면 누구나 말문이 막히지. 그럴 때는 선생님께 말씀드리면 돼."

## 용기는 경험에서 나온다

교사나 엄마에게 말할 수 있다면, 친구에게도 말할 수 있다. 부당함을 느꼈다면 능동적으로 나서서 부당함을 표현하고 해결할 수 있어야 한다. 할 말 하는 용기는 말해본 경험에서 나온다. 직접 말해보지 않으면 하고 싶은 말도, 해야 할 말도 하지 못하고 삼키게 된다.

놀리는 친구는 어디에나 있다. 그때마다 엄마가 해결해주기보다는 자기 힘으로 대응해보는 경험을 한 번이라도 갖도록 하는 게 중요하다. 자기 힘으로 해내는 데서 아이는 스스로를 유능하다고 여기고, 유능감은 자존감으로 이어진다.

쿨한 엄마가 용서 잘하는 아이를 만든다

[초2 남학생의 사례]

> 아들: "엄마, 내가 짝한테 보드게임 같이 하자고 했어. 근데 넌 빠
>        지래. 저리 가래."
> 엄마: "걔는 대체 왜 그런다니? 걔랑 놀지 마."
>       "왜 시비래? 또 그러면 선생님께 말씀드려."
>       "그냥 신경 꺼. 뭐라고 하건 대꾸하지 마. 무시해."

상처받은 아이를 보는 엄마의 마음은 아프다. 아이에게 상처를 준 대상이 밉기도 하다. 때로는 아이보다 엄마가 더 상처받기도 한다. 상대편 엄마에게 전화를 하는 것도 아이를 위해서이기도 하지만 엄마가 속상함을 못 견뎌서인 까닭도 있다. 다투고도 정작 아이들끼리는 잘 노는데 엄마들끼리 더 어색해지기도 한다. 내 아이에게 상처 준 아이를 놀이터에서 만나면 아이 손을 이끌고 다시 집으로 가고 싶어진다.

상대방 아이뿐 아니라 그 아이의 엄마를 보는 것도 불편해서 반 모임도 나가기 싫어진다. 이런 경험, 초등학생 엄마라면 누구나 한 번쯤 있을 것이다.

## 어렵지만 엄마가 먼저 용서해야 한다

내 아이에게 못되게 구는 녀석을 용서하기란 어렵다. 그러나 엄마가 용서를 못하면 아이도 못한다. 엄마가 용서의 롤 모델이 되어주어야 한다. 아이의 시선은 엄마의 시선을 따라간다. 엄마가 좋아하는 대상이라면 아이도 호감을 갖는다. 엄마가 안 괜찮으면 아이도 안 괜찮다. 엄마의 용서 주머니는 아이보다 커야 한다. 만약 엄마의 용서 주머니가 아이와 같다면 아이가 쉽게 용서를 못하는 것도 어찌 보면 당연하다. 보고 배울 기회가 없었기 때문이다. 아이의 용서는 엄마의 용서를 넘어설 수 없다. 엄마가 먼저 괜찮다는 것을 보여주어야 한다.

엄마가 먼저 용서하는 것이 아이의 용서력을 키우는 길이다.

## 엄마가 키우는 아이의 용서력

용서라고 해서 거창하게 생각할 필요는 없다. 그저 벌어진 상황을 담담하게 받아들이기만 해도 된다.

"같이 게임하기 싫을 수야 있겠지. 그래도 저리 가라고 쏘아붙일 필요는 없는데. 네 마음이 상하는 게 당연해. 아마 친구는 다른 애랑 게임하고 싶었나봐. 그 말을 친절하고 상냥하게 했다면 좋았을 텐데, 그치?"

이렇게 가볍게 생각을 전환시켜주면 아이도 이내 괜찮아진다. 애들이니까 그렇다고 여기면 심각해지지 않을 수 있다. 아이는 본래 미성숙하다. 실수하고 잘못하는 게 당연하다. 내 아이에게 그렇듯 다른 아이의 잘못도 용서해주고 기다려주는 미덕이 필요하다.

엄마가 통제할 수 없는 외적인 환경을 탓할수록, 내 아이만 가여워진다. 엄마가 바꿀 수 있는 것에 눈을 돌려야 한다. 지금 당장 바꿀 수 있는 것은 엄마의 마음뿐이고, 그것을 통해 아이의 마음과 생각의 방향을 전환시킬 수 있다.

용서는 서운함과 억울함을 털어내는 힘이자 자존감이다. 아이가 속상해해도, 어른의 관점에서 괜찮다는 해석을 해줄 수 있다면 아이도 이내 괜찮아진다. 심각해지지 않고 엄마가 먼저 대수롭지 않게 받아들이면 아이도 이내 훌훌 털어낼 수 있다.

친구 문제를 대할 때 해야 할 것, 하지 말아야 할 것

아이가 친구들과 사이좋게 지내고 즐겁게 학교에 다니길 바라는 것은 모든 부모의 바람일 것이다. 만약 아이가 친구가 없어서, 친구들이 나랑 안 놀아줘서 학교에 가기 싫다고 한다면… 상상만으로도 부모 마음은 무너진다.

아이가 저학년일수록 부모 역시 아이의 친구 문제를 감정적으로 받아들이고 그 상황에 매몰되기 쉽다. 그럴 때는 하지 말아야 할 행동과 해야 할 행동을 구분해보는 게 도움이 된다.

### 하지 말아야 할 행동 세 가지

**첫째, 심각해지지 말자.**
"너랑 안 놀아."
"나는 네가 싫어."

"너는 나쁜 애야."

친구에게 이런 소리를 들었다는 아이 앞에서 엄마는 가슴이 두근거린다. 따돌림 받는 건 아닌지, 심하게 상처받은 것은 아닌지, 외톨이가 된 것은 아닌지 별별 생각이 다 든다. 하지만 엄마가 심각하게 생각하는 것만큼 아이들은 심각하지 않다. 특히 초등학교 저학년 때까지 아이들은 이런 말을 흔하게 주고받는다. 세련된 사회적 기술을 습득하지 못했기 때문이다. 상대방의 마음을 헤아리며 말하는 대신 거침없이 내뱉는다. 기분이 나쁘면 일단 친구의 존재를 부정하고 본다. 내 기분이 나쁘니 너는 나쁜 애라는 식이다. 이런 말로 티격태격하다가 별뜻 없이 톡 쏘아붙인다.

이럴 때 부모가 그것을 절교의 의미로 받아들인다던지, 우리 애를 따돌렸다고 생각하는 것은 너무 진지하고 심각한 반응일 수 있다.


**둘째, 개입하지 말자.**

딸 : "엄마, 이슬이가 나만 안 끼워줘."

엄마 : "왜 그래? 왜 너만 안 끼워주는 거래?"

다른 친구 엄마에게 상의하기도 한다.

"혹시 이슬이라는 애 알아요? 그 애 어때? 이슬이 엄마는 어때?"

반 단톡방을 뒤져서 이슬이 엄마에게 직접 전화를 하기도 한다.

"이슬이 엄마, 잘 지내시지요? (대화 생략) 다 같이 놀면 좋으련만, 이
슬이가 싫다고 했다네요. 넌 빠지라고 하니까 우리 애로서는 마음

이 많이 상한 모양이에요. 이슬이가 미안하다고 한마디만 해줘도 괜찮지 싶어서 제가 고민하다 연락 드렸어요."

이런 방식은 모두 '개입'이다. 상황의 바깥에 있는 엄마가, 상황 가운데로 들어가려고 하는 것이다. 속상하니까, 아이가 우니까, 어떻게든 내가 나서야 해결될 것 같으니까 들어가려고 한다.

그런데 아이들의 삶을 비집고 들어오려면 아이들의 동의가 필요하다. 내 삶이 아니기 때문이다. 우선 내 아이가 허락해야 하고, 그 다음에는 상대방 아이의 허락도 받아야 한다. 나는 그게 존중이라고 본다.

아이를 위해서 개입하는 것인지 엄마의 불안을 해결하기 위해서 개입하는 것인지도 잘 구분해봐야 한다.

물론 즉각적인 개입이 필요한 때도 있다. 때리거나 욕이 오갔다면 아이의 허락을 받지 않고 개입하는 것이 맞다. 하지만 아이가 친구관계의 문제점을 이야기했다는 것만으로 개입을 허락받았다고 생각하지는 말아야 한다. 아이는 단순히 속상하니 위로가 필요해서 혹은 엄마의 조언을 받기 위해서 말한 것일 수도 있다.

**셋째, 해결하지 말자.**

"이슬이 엄마랑 통화했어. 주말에 키즈카페 가기로 했어. 같이 놀다 보면 풀릴 거야."

"들어보니까 이슬이는 다른 친구랑 친해지고 싶은 거래. 어쩌겠니.

너도 어서 다른 친구 만들어야지. 새로운 친구 생기면 괜찮아질 거야. 누구랑 친해지고 싶어? 얘기해. 엄마가 파자마 파티 해줄게."

누가 문제를 해결했을까? 엄마다. 엄마가 대신 해결해주면 아이도 당장은 편하고 좋을 수 있다. 그런데 언제까지 엄마가 나설 수 있을까? 대개는 초등학교 저학년 때까지다. 사춘기에 접어들면 대부분의 아이들은 부모로부터 해방되려고 한다. 내 인생 내가 알아서 할 테니까, 엄마는 그만 빠져달라고 한다. 그때부터는 부모가 해결하고 싶어도 못한다. 아이가 해결의 기회를 부모에게 넘겨주지 않기 때문이다.

일찍부터 문제를 해결해본 아이들은 해결법도 빨리 깨우친다. 처음에는 미성숙한 방식으로 해서 실패하기도 하지만, 점점 나아진다. 그것을 참지 못하고 엄마가 해결사로 나서면 아이는 점점 더 스스로 해결하는 걸 어려워하게 된다.

"엄마, 이번에도 해결해주세요."

"엄마가 선생님한테 말해줘요."

"엄마, 그 친구 엄마한테 전화해주세요."

의존이 반복되다 보면 아이의 문제해결력은 그만큼 낮아진다. 의존이야말로 자존감을 떨어뜨리는 주범이다. 대신 해줄 게 아니라 스스로 할 수 있음을 깨우쳐주어야 한다. 부모가 대신 해결하는 것은 아이에게 문제 해결의 기회를 빼앗는 것이다. 부모는 아이 문제를 대신 풀어주는 사람이 아니라 곁에서 힌트를 주는 사람이다.

## 꼭 해야 할 행동 세 가지

**첫째, 아이에게 공감해주자.**

아이가 친구문제로 어려움을 겪거나 힘든 상황을 이야기할 때, 엄마가 해야 할 것은 직접 그 상황에 개입하는 게 아니라 아이 마음에 공감을 표하는 것이다. 아이가 원하는 건 '문제 해결'이 아니라 '감정 해결'이기 때문이다.

"친구가 같이 놀지 않는다고 했을 때 정말 속상했겠다. 엄마도 그런 적 있었어. 그래서 어렸을 때 많이 울었어."

마음을 읽어주는 것만으로 아이는 위로를 받고, 그 힘으로 일어설 수 있다. 아이를 일으켜 세우는 힘은 부모의 위로다. 이때 아이의 이야기를 듣고 아빠가 더 속상해 한다거나 아이가 눈물을 쏟을 때 엄마도 함께 우는 것은 금물이다. 아이는 엄마의 모습을 보고 '내가 엄마를 슬프게 했다'는 죄책감 때문에 입을 다물거나 '엄마, 나 땜에 슬픈 거야? 울지마.' 하면서 도리어 엄마를 위로하려고 할 수도 있다. 이렇게 되면 아이는 엄마에게 자신의 감정을 나누어줄 수 없고 기댈 수 없다.

아이가 울더라도 엄마는 담대해야 한다. 엄마가 담담해야 아이를 슬픔의 파도에서 꺼내줄 수 있다.

**둘째, 필요하다면 선생님과 의논하자.**

"상담 기간도 아닌데 불쑥 연락해도 되나요?"

"선생님은 어렵고 친구 엄마는 편하니까, 자꾸 엄마들한테 이야기하게 돼요."

학교에서 일어난 문제를 객관적으로 바라볼 수 있는 사람은 교사뿐이다. 만약 상담이 필요하다면, 친구 엄마가 아닌 선생님과 먼저 의논하는 게 바람직하다. 일단 아이의 이야기를 듣고, 그 다음 교사의 의견을 들으면 더 넓은 관점에서 상황을 바라볼 수 있게 된다.

### 셋째, 믿음을 갖자.

아이의 마음속에는 어려움을 이겨낼 수 있는 힘이 숨어 있다. 나이에 따라서, 성향에 따라서 정도의 차이는 있겠지만 결국엔 다 이겨낸다. 씩씩한 아이들은 비교적 쉽게 털어내고, 여린 아이들은 천천히 이겨낸다.

세상은 온실이 아니다. 비바람이 불 때마다 우산을 들어줄 수는 없다. 바람과 비에 맞서본 나무가 더 튼튼하게 자라는 법이다.

부모가 아이를 걱정스럽게 바라볼수록 아이는 스스로를 믿기 어렵다. 아이를 향한 부모의 강한 믿음과 흔들림 없는 눈빛이야말로 아이가 자신을 믿게 하는 원동력이다.

아이의 친구 문제는 엄마를 아프게 한다. 그러다보니 미리 성격 좋은 아이를 찾아 친구로 맺어주려고 한다. 또 친구 간의 갈등이 생기면 곧장 나서서 해결해주려고 한다. 물론 그게 부모 마음이다. 하지만 아이를 위해서라면 조급해하기보다 기다려주어야 한다. 아이가 해볼 수 있게 한 걸음 뒤로 물러설 필요가 있다. 아이들은 갈등을 풀어나가며 사회성을 터득하기 때문이다. 초등학생 때 해보면 중학교 생활이 수월하고, 학창시절에 경험해봤다면 당연히 어른이 돼서는 좀 더 여유롭게 대처할 수 있다.

| 아이의 친구 문제, 하지 말아야 할 세 가지 | 아이의 친구 문제, 해야 할 세 가지 |
| --- | --- |
| 1. 심각해지지 말자.<br>2. 개입하지 말자.<br>3. 해결하지 말자. | 1. 아이에게 공감해주자.<br>2. 필요하다면 선생님과 의논하자.<br>3. 믿음을 갖자. |

은근한 따돌림, 왜 시작되고 어떻게 대처할까?

**[초2 여학생의 사례]**

이슬이를 사이에 두고 몇몇 친구가 귓속말을 주고받는다. 이슬이에게 다가오는 친구가 보이면 "잠깐 할 얘기가 있어.", "야, 우리랑 놀자~." 하며 데려간다. 이런 상황이 한두 번, 하루 이틀로 그치지 않고 계속 반복된다.

직접적으로 욕을 하거나 대놓고 "쟤랑 친구하지 마."라고 한 적은 없지만, 이슬이는 소외감을 느끼고 외롭다. 그렇다고 따지기도 힘들다. 표현이 은근하고 미묘해서 뭐라고 딱 꼬집어 말하기가 애매하기 때문이다.

'은따'의 양상이다. 아이의 친구 문제는 항상 부모의 마음을 힘들게 하지만, 은따는 특히 다루기가 어렵다. 친구들의 속닥거림과 은근한 배제 가운데 아이가 느끼는 괴로움은 상상 이상으로 크고, 그걸 지켜보는 엄마의 가슴은 아프다 못해 찢어지는데, 명백한 증거가 없다 보니 선뜻 나설 수가 없다. 차라리 맞거나 심한 욕을 들었다면 따돌림의 양상이 명백하게 사실로 드러나니 가해자도 발뺌할 수가 없다. 그런데 은따는 다르다. 피해자 학생이 가해자 학생들을 지목해도 안 했다고 잡아떼거나, 심지어 반대로 억울함을 호소하기도 한다. 미묘한 상황이 껴 있다 보니 잘잘못이 가려지지 않고, 심증은 있으나 물증이 없다 보니 해결이 어렵다.

이러한 은따 현상은 저학년에서 꽤 흔하다. 내가 맡고 있는 5학년 여학생들에게 설문지를 돌렸더니, 저학년 때 은따를 경험해봤다는 학생 수가 절반을 넘었다.

## 저학년에서 은따가 빈번한 이유

**첫째, 환경의 변화 때문이다.**

일단 유치원 때보다 한 반의 학생 수가 많아지다 보니 교사의 밀착 케어가 어렵다. 특히 점심시간과 쉬는 시간에 교사의 시선이 닿지 않는 사각지대가 생기기 마련인데 그 틈에 은따가 발생할 수 있다.

**둘째, 사회성의 편차 때문이다.**

초등학교 저학년 때는 사회성 발달이 빠른 아이와 상대적으로 더딘 아이 사이의 편차가 심하다. 눈치 빠르고 약삭빠른 아이가, 상대적으로 사회성이 늦된 아이를 배제시키고 은밀하게 공격하는 것이다.

### 셋째, 철이 없어서다.

저학년들은 도덕성의 발달 수준도 낮다. 잘못된 행동이라는 인식이
없고, 몰라서 더 잔인하다. 죄의식이 없다 보니, 아무 이유 없이 돌아
가면서 따를 시키고 친구들이 하는 대로 모방한다.

| 일곱 가지 은따의 양상 | 저학년에서 은따가 빈번한 이유 |
|---|---|
| 눈 흘김, 귓속말, 한숨, 친구를 데려감,<br>이간질, 무시, 비웃음 | 1. 환경의 변화<br>2. 사회성의 편차<br>3. 철없음 |

## 왜 은따의 대상이 되는가?

대부분의 경우 특별한 이유가 없다. "왜?"라고 물어보면 은따를 시
작했던 아이들도 정확한 답을 못한다. 그래서 대놓고 따돌리는 대신
은근하게 따돌리는 것이다. 그래도 굳이 이유를 찾자면 아래의 세 가
지 정도로 압축할 수 있다.

### 첫째, 소심하다는 이유

소심한 아이들은 친구가 흘겨봐도 하지 말라고 말을 못하고 속으로
끙끙 앓기 쉽다. 그럴 때 영악하고 드센 아이들은 상대방 아이를 얕잡

아보고 은근슬쩍 무리에서 배제시킨다.

### 둘째, 분위기 파악을 못한다는 이유

타이밍을 못 잡고 대화의 흐름을 못 따라오는 경우다. 예를 들어, 웃을 상황이 아닌데 혼자 큰 소리로 웃으면 '쟤 뭐야? 왜 저래?'라며 아이들끼리 귓속말을 주고받을 수 있다. 여러 친구들끼리 함께 이야기할 때, 누군가가 "나는 이거 싫어." 하면 "나도 좀 별로야.", "나는 그저 그래." 하고 적당한 선에서 자신의 의견을 말해도 되는데 "나는 안 싫어! 전혀 안 싫어!"라고 하는 경우도 마찬가지다. 눈치가 부족한데 자신은 그 사실을 몰라서 눈에 띄는 경우다.

### 셋째, 질투심

선생님이 예뻐한다거나 외모가 출중한 친구라면, 부러움 때문에 표적이 될 수 있다. 또래보다 월등히 도덕성이 높고 모범적이거나, 또래의 나쁜 문화에 휩쓸리지 않는 대쪽 같은 아이의 경우에도 시샘의 대상이 되기도 한다. 융통성이 없는 샌님으로 취급하며 은근히 무리에서 배제시킬 수 있다.

## 그럴 때는 이렇게

다행스러운 것은 고학년으로 갈수록 은따의 양상이 점점 줄어든다는 사실이다. 대부분 반이 바뀌거나 환경이 바뀌면서 자연스럽게 사라진다. 아이들의 사회성과 도덕성이 높아지면서 잘못된 행동이 줄어들기도 하고, 어릴 적 멋모르고 당했던 아이들이 나름대로의 해결 방식을 터득하면서 없어지기도 한다.

만약 우리 아이가 은따를 당하는 것 같다면, 다음의 지침을 숙지해보자.

**첫째, 개입하기보다 관찰한다.**

섣부른 개입은 금물이다. 가해자가 오리발을 내밀면서 도리어 피해자를 예민한 사람으로 만들 수 있다. 일단 한 걸음 물러서서 관찰부터 해야 한다. 아이가 노는 모습, 친구들 간의 상호작용을 유심히 살펴보자. 놀이터에 데리고 나가거나 친구를 집으로 불러도 좋다. 그 과정을 통해서 아이의 주관적인 의견을 객관화시킨다. 관찰을 통해 확실한 물증을 잡았다면 그때는 엄마가 개입할 수 있다. 개입은 신중하게, 관찰은 적극적으로 하자.

**둘째, 저절로 해결될 수 있으니 일단 기다리자.**

새롭게 반 편성이 되면 집단 구성원 간의 관계도 모두 처음부터 시작이다. 친한 무리와 헤어지고 새로운 친구들과 섞이게 되면서 모든 관계들이 초기화되고 그 과정을 통해서 은따 양상도 자연스럽게 사라진다.

은따를 주동한 학생들과 헤어지면 저절로 해결되는 일이 많으니 조급해하지 말자.

**셋째, 아이에게 질투의 심리를 알려주자.**

질투에 의해서 은따가 발생했을 경우에는 아이에게 그 심리를 설명해주는 게 좋다. 질투는 매력적인 상대방과 별 볼일 없는 자신을 비교하면서 생긴다. 상대방의 매력을 깎아내리고자 하는 마음은 열등감과 낮은 자존감에 기인하며, 질투할수록 스스로는 더욱 초라해진다. 질투로 인한 은따는 초등기로 끝나지 않는다. 성인이 되어서도, 사회생활 중에서도 누구나 맞닥뜨릴 수 있다.

따라서 질투하는 심리와 이유를 알려주면, 아이는 피해자라는 생각에서 벗어날 수 있다.

| 은따를 시키는 이유 | 대처법 |
|---|---|
| 1. 소심함<br>2. 분위기 파악을 못함<br>3. 질투심 | 1. 개입하기보다 관찰한다.<br>2. 저절로 해결될 수 있으니 일단 기다리자.<br>3. 아이에게 질투의 심리를 알려주자. |

은따는 남학생들보다 여학생들 사이에 빈발한다. 그러나 여학생이라고 해서 다 은따를 시키는 것은 아니다. 항상 주도하는 아이가 있다.

은따를 주동하는 아이들은 대체로 자존감이 낮다. 은따를 시키면서도 그 상황을 들킬까봐, 혼날까봐 두려워한다. 밥 먹을 때 손을 안 씻는다, 머릿결이 거칠다, 피부가 안 좋다 등등 트집을 잡는 것도 대부분 사소한 것들이다.

그렇다 보니, 약한 친구를 깔보는 기 센 아이나 감정 심리전에 빠른 영악한 아이들은 은따를 좀처럼 안 당한다. 안타깝게도 순해서 친구 말에 맞받아칠 줄 모르는 아이가 도리어 은따를 당할 수 있다.

상황이 이렇다 보니 착하고 순진한 아이를 키우는 엄마들은 걱정이 많다. 하지만 얕잡아 볼까봐 바르게 자란 아이를 드센 아이로 바꾸어야 할까? 아니다. 당하는 아이는 잘못이 없다. 변해야 할 사람은 주동하는 아이다.

은따를 사라지게 하는 가장 확실한 방법은 모든 아이들을 자존감 높은 아이, 비교하지 않는 아이, 남의 인정보다는 스스로의 인정이 더 중요한 아이로 키우는 것이다. 주도하는 아이가 사라져야 상처 입는 아이도 사라진다.

## 왕따, 혐오감이 집단 따돌림으로

초등학교에서의 왕따는 가학적인 폭력 문화보다는 배제하는 문화에 더 가깝다. 교사로서 아이들을 관찰해본 결과, 왕따의 출발점은 '싫은 감정'일 경우가 많았다. 누군가의 사소한 태도가 싫은 감정을 불러일으키고, 그 감정이 누적되면 혐오감으로 발전한다. 혐오가 시작되면 배제시키는 문화가 생기고, 그것이 지속되고 반복되고 굳어지면 왕따 피해자가 발생한다. 왕따는 은따에 비해 발생 빈도가 현저히 적다. 하지만 은따와는 달리 학년이 올라가고 구성원이 변해도 다수로부터의 배척이 지속된다.

| 1단계 | |
|---|---|
| 싫은 감정 | 1학년 교실. 하늘이가 코를 판다. 짝꿍이 싫은 표정을 짓는다. 그리고 다른 친구에게 말한다.<br>"하늘이 계속 코 파. 진짜 싫어."<br>"코딱지 파? 아, 더러워." |

| 2단계 | |
|---|---|
| 혐오감 | 하늘이는 그 뒤로도 자주 코를 판다. 어느 순간 하늘이가 코를 팔 때마다 아이들이 귓속말을 한다.<br>"쟤 또 판다. 지저분해."<br>"나 쟤랑 손 안 잡아. 코 판 손이라 잡으면 썩어." |
| **3단계** | |
| 배제시키는 분위기 | 귓속말이 무리의 문화기 된다.<br>"하늘이랑 손 닿으면 손 썩는대ㅋㅋㅋ."<br>"하늘이 바이러스야."<br>"야~~~ 하늘 바이러스!!!!!" |
| **4단계** | |
| 왕따 | 그러한 분위기가 학년이 올라가도 지속되고, 반복되고, 굳어지면 왕따가 된다. |

친구들이 놀리고 따돌려서 학교 가기 싫다고 말할 때 엄마는 어떻게 해야 할까? 아이들 장난이니 무시하라고 말할까? 그래서는 안 된다. 친구에 대한 혐오감은 장난이 될 수 없다. 옳고 그름을 판단하지 못하는 아이들은 친구가 놀리면 그대로 따라 한다. 혐오감으로 놀리는 게 아이들 사이에서 문화처럼 자리 잡았다면 해가 바뀌어도 계속될 수 있다.

아이는 상황을 바꿀 능력이 없다. 부모가 적극적으로 개입해서 집단의 혐오감이 왕따로 이어지지 않도록 막아야 한다. '싫은 감정 →

혐오감정 → 배제시키는 문화 → 지속적인 배척 → 왕따'로 이어지는 연결고리를 끊어야 한다.

## 꼭 해야 할 일 세 가지

**첫째, 선생님과 면담한다.**

객관적 관찰자인 담임선생님과 이야기를 나누는 게 우선이다. 부모가 확인해야 할 사항은 세 가지다. 첫째, 놀림의 이유다. 둘째, 놀리는 집단이다. 남자 아이들인지 여자 아이들인지 아니면 반 전체인지, 집단의 범위를 확인해야 한다. 셋째, 주동자의 여부다. 가장 중요한 부분이다. 주동자를 찾아내 뿌리 뽑지 않고서는 왕따 문화는 없어지지 않는다. 주도하는 학생이 있다면 교사가 적극적으로 나서서 바로잡아야 하고, 부모도 그렇게 하도록 요구해야 한다. 지속적이고 고의적인 놀림으로 인해 상대방이 괴로워하고 있다는 것을 주동자에게 인식시켜야 한다. 따돌림을 주도한 사실이 명백하다면, 그 아이와 다음해 반 편성에서 분리해줄 것을 요청할 수 있다.

**둘째, 엄마들끼리의 대화도 필요하다.**

아이들은 자기가 당한 것은 바로 얘기하지만, 자기가 한 일에 대해서는 부모에게도 잘 말하지 않는다. 상대방 부모는 자기 아이의 가해 사실을 모르고 있을 수도 있다. 이 시기의 아이들은 가정에서 가르치면 빠르게 개선되므로 상대방 부모에게도 반드시 알린다.

좋지 않은 일로 만나는 게 꺼려지겠지만 그래도 상황을 설명해야 한다. 특히 '상황을 따진다'보다는 '상황을 알린다'는 마음가짐으로 만나는 게 좋다. 감정적으로 다가가지 말고 확인된 사실을 가지고 이성적으로 접근해야 한다.

부모가 상식적인 사람이라면 원만한 대화가 이루어지겠지만 그렇지 않은 사람도 있다. 그럴 리 없다고 하면서 자기 애만 감싸고 발뺌할 수도 있다. 그래서 무턱대고 전화로 얘기하거나 문자를 보내기보다는 얼굴을 직접 보고 대화를 시도하는 편이 낫다. 무작정 만나자고 하기보다 생일파티나 정기적인 반 모임에서 이야기를 꺼내는 게 자연스럽다.

**셋째, 아이와 대화한다.**

아이에게 가르쳐 주어야 할 것은 세 가지다. ①상황 인식 ②반복될 경우에 대처하는 법 ③부모의 사랑이다.

일단 앞 예시에서 사건은 '대놓고 코를 팠다'에서 시작됐다. 원인을 개선하지 않으면 또 반복될 수 있다. 아이가 문제를 인식하고 개선할 수 있도록 알려주는 게 필요하다. 그리고 따돌리는 문화가 반복될 경우에 대처하는 법도 알려줘야 한다. 또다시 그러한 분위기가 반복된다면 싫다는 의사를 상대방에게 분명히 표현하고, 그 즉시 선생님이나 엄마에게 이야기하도록 해야 한다. 문화는 쉽게 없어지지 않는다. 민감하게 반응하고 대응해야 한다. 마지막으로 친구들로부터 배제를 당한 아이는 소외감에 휩싸여 있기 때문에 '너는 혼자가 아니고, 네 곁에는 언제나 엄마 아빠가 있다는 것'을 알려줘야 한다.

상한 마음을 따뜻하게 어루만져주는 동시에 단호하고 분명하게 대응하도록 알려주는 과정이 함께 이루어져야 집단 따돌림을 이겨낼 수 있다.

| 왕따에 대처하는 방법 | | |
|---|---|---|
| 1. 선생님과의 면담 | 2. 엄마들과의 만남 | 3. 아이와의 대화 |
| ① 놀림의 이유 | ① 따지는 게 아니라 알리는 것 | ① 문제 인식과 개선 |
| ② 놀리는 집단 | ② 전화나 문자보다 만나서 | ② 반복될 경우 대처법 |
| ③ 주동자의 여부 | ③ 반 모임에서 자연스럽게 | ③ 엄마, 아빠는 널 응원해 |

왕따가 자존감에 미치는 영향은 치명적이다. 다수로부터 거절과 배제를 지속적으로 받는다면 누구라도 긍정적인 자아상을 갖기는 어렵다. 이유를 알지 못한 채 친구들로부터 배척을 당하는 아이를 지켜보기만 해서는 안 된다. 부모가 아이의 친구 문제에 개입하는 것은 금물이라고 했지만 왕따 만큼은 부모의 개입과 도움이 절실하다.

더불어 내 아이가 누군가를 따돌리지 않도록 가르쳐야 한다. 싫은 감정은 자연스러운 것이지만, 그렇다고 싫은 티를 내는 행동까지 모두 허용해서는 안 된다. 친구의 긍정적인 측면을 바라볼 수 있도록 시야를 넓혀주고 여유롭고 마음이 넉넉한 아이로 키운다면 집단 따돌림 현상도 줄어들 것이다.

# 친구가 없어서 혼자 노는 아이

친구가 없어 혼자 놀았다는 말을 들으면, 엄마는 가슴부터 덜컥 내려앉는다. 하지만 아이가 혼자 놀았다고 해서 다 걱정할 문제는 아니다. 혼자 노는 이유에 따라 도와줘야 할 때가 있고 지켜봐도 괜찮은 경우가 있기 때문이다.

[사례 1]

> 친구들 사이에 끼지 못하고 혼자 논다. 같이 놀자고 해봐도 친구들이 싫다고 하거나 넌 저리 가라고 한다. 끼고 싶어 하나, 친구들이 껴주지 않는다.

[사례 2]

> 친구들과 놀지 않고 쉬는 시간마다 도서관에 간다. 딱히 단짝을 만들고 싶어 하지도 않고, 무리에 끼지도 않는 성향이다. 엄마는

걱정스러운 마음에 자꾸 친구와도 놀아야지 혼자만 놀면 안 된다고 하지만, 아이는 혼자 노는 것도 재미있고 도서관에 가서 책 읽는 것도 좋다고 한다.

[사례 1]의 아이는 친구들과 놀고 싶지만 무리에 끼질 못하는 상황이고, [사례 2]의 아이는 끼고자 하는 마음이 없다.

혼자 논다는 점에서는 결과가 같지만, 관계의 통제권과 주도권에서는 차이가 있다. [사례 1]의 아이는 수동적으로 놀아줄 친구를 찾아 헤매는 상황이고, [사례 2]의 아이는 능동적으로 혼자 노는 것을 선택한 상태다. [사례 1]은 친구들에게 의존하고 있지만 [사례 2]는 친구관계로부터 독립적이다. 친구들 사이를 기웃거리며 낄 틈을 살피다 거부당한 [사례 1]의 경우에는 거절에 대한 두려움이 있다. 반면 혼자 시간을 즐기는 [사례 2]의 경우에는 거절당했다는 느낌을 받지 않는다. 이럴 경우 [사례 1]의 아이는 자존감에 상처를 받지만, [사례 2]의 아이에게는 상처가 없다.

결론적으로 [사례 2]의 경우에는 엄마가 해줄 일이 별로 없다. 능동적이고 주도적으로 혼자 책 읽는 것을 선택한 상태이기 때문에 앞으로도 믿고 격려해주면 된다. [사례 1]의 아이의 경우에는 소외감을 겪고 있으므로 엄마의 조언과 도움이 필요하다.

## 엄마가 할 일 세 가지

**첫째, 혼자만의 즐거움을 찾아 주도적으로 놀 수 있는 방법을 찾아보게 한다.**

쉬는 시간에 놀아줄 친구를 찾아다니지 않고 주도적으로 나의 시간으로 만들 수도 있음을 알려준다. 그림을 그릴 수도 있고, 종이접기를 할 수도 있고, 색칠공부 책을 가져가서 색칠을 할 수도 있다. 친구를 쫓아다니지 않고 놀이 시간을 능동적으로 보낼 수 있게끔 엄마의 지도가 필요하다.

혼자 즐거운 시간을 보내고 있다 보면 친구가 다가오기도 쉽다. 자신만의 즐거움을 갖게 되면, 누군가는 그 즐거움에 호기심을 느끼기 때문이다.

**둘째, 선생님과 상의한다.**

친구들 사이에 못 낀 채 계속 겉돈다면 선생님과 상의하는 게 좋다. 엄마는 못 해도 선생님은 할 수 있는 일들이 있다. 이를테면 자리를 바꿀 때 남자 여자의 조합이 아니라 동성끼리 짝으로 붙여줄 수도 있고, 성향이 비슷한 친구들과 같은 모둠으로 묶어줄 수도 있다. 아이와 잘 맞을 법한 친구가 누군지 물어보고, 그 친구와 놀 수 있는 기회를 마련해주는 것도 한 가지 방법이다.

**셋째, 불안을 털어내고 아이를 위로한다.**

엄마가 속상해 하는 것은 아이에게 별 도움이 되지 않는다. 친구가 없는 교실에서 외로움을 견뎌야 하는 사람은 엄마가 아니라 아이다. 아이를 일으켜 세우는 사람은 슬퍼하는 엄마가 아니라 괜찮다고 위로해주는 엄마다. 학교에서 친구로부터 외면을 받아도 위로해주는 엄마가 곁에 있다면 아이는 괜찮다.

 **혼자라서 외로워하는 아이에게 해줄 수 있는 말**

① 괜찮아, 친구들이 안 끼워주면 혼자 놀아도 돼. 그럼 네 옆으로 친구가 다가올 거야.
② 친구들이 끼워주지 않는다 해도 네가 싫은 것은 아니야. 먼저 친해진 친구랑 놀고 싶어 하는 것뿐이니까 마음에 담아두지 마.
③ 마음에 맞는 친구가 같은 반에 있을 때도 있고, 그렇지 않을 때도 있어. 네 잘못이 아니야, 그건 그냥 운이야.
④ 거절당하는 걸 겁내지 마. 친구를 사귀려면 누구나 겪는 일이고, 너뿐 아니라 다른 친구들도 다 겪는 일이야.

**친구들이 끼워주지 않아 혼자 노는 아이, 이렇게 해보자.**

1. 혼자만의 즐거움을 찾아 주도적으로 놀 수 있는 방법을 찾아보게 한다.
2. 선생님과 상의한다.
3. 불안을 털어내고 아이를 위로한다.

기쁨이가 2학년이었을 때, 어느 날 이런 이야기를 했다.

"엄마, 나 중간 놀이 시간에 혼자 그림 그렸어. 보드 게임 하는 애들한테 같이 하면 안 되냐고 물었는데 안 된대. 그래서 나 혼자 놀았어."

안 끼워준 애들이 누구냐는 말이 턱밑까지 차올랐지만 묻지 않았다. 혼자 그림 그렸을 딸아이를 생각하면 마음이 아팠지만 내색하지 않았다. 엄마가 속상해 한다고 딸아이의 속상한 마음이 덜어지지 않을 것임을 알았기 때문이다.

"음~ 그랬구나. 혼자도 놀고, 같이도 놀고 그런 거지."

아이가 슬픔에 빠져 있을 때일수록 엄마의 평정심이 필요하다. 슬픔에 빠져 같이 허우적댈 수는 없다. 엄마의 속상함은 감추고 대범해지자. 엄마가 단단해지는 만큼 아이도 단단해진다.

## 친구 문제, 놀이가 답이다

아이에게 친구 문제가 생기면 엄마는 죄책감부터 느낀다. 사교성 부족한 엄마 탓, 적극적으로 친구를 만들어주지 못한 엄마 탓을 한다. 그런데 친구 문제는 엄마 탓도, 아이 탓도 아니다. 한창 뛰어 놀아야 할 시기에 마음껏 놀지 못하는 게 이유일 수 있다. 친구 문제의 궁극적인 해결책은 놀이에 있다.

**첫째, 놀면 친해진다.**

아이들이 친구가 없거나, 친해지지 못하는 결정적인 이유는 어울려 놀 기회가 없었기 때문이다. 놀다 보면 저절로 친해진다.

**둘째, 놀면 원만해진다.**

땀 흘리며 마음껏 뛰어놀다 보면, 저절로 감정의 응어리가 해소된다. 떼도 덜 쓰고 고집도 줄어든다. 많이 놀게 할수록 아이는 원만해진다.

**셋째, 놀면 풀 수 있다.**

놀다가 생긴 의견 충돌은, 놀면서 풀어가는 게 최고다. 놀이 시간이 충분하면 싸워도 풀어갈 시간이 있다. 그런데 놀이 시간이 부족하니, 화해를 못하고 싸운 채로 끝나는 것이다. 충분히 놀다 보면 갈등을 해결해나가는 법을 자연스럽게 터득하게 된다.

## 놀이 시간 확보가 어려운 이유

결국 놀아야 할 때에 놀지 못하는 게 문제다. 그런데 왜 우리 아이들의 놀이 시간은 점점 줄어드는 것일까?

### 첫째, 날씨 때문이다.

여름은 놀기에 너무 덥고, 겨울은 너무 춥다. 바깥놀이에 최적인 계절은 점점 짧아지고 있고, 그마저 미세먼지 탓에 집 안에만 있어야 하는 날들이 많아졌다.

### 둘째, 안전 때문이다.

위험한 세상이라 보호자 없이는 집 앞 놀이터도 보내지 못한다. 사건 사고가 많다 보니 보호자의 시선 밖으로 아이를 내보낼 수가 없다.

### 셋째, 학원 스케줄 때문이다.

워킹맘인 경우 퇴근 시간까지 아이를 학원으로 돌린다. 아이 혼자 집에 둘 수는 없으니 어쩔 수 없는 선택이다. 전업맘도 다르지 않다. 친구들이 다 학원에 있으니 놀 친구가 없다. 학원 스케줄은 아이들마다 다르고, 놀이 시간을 맞추기도 어렵다.

놀고 싶어 하는 아이들, 놀이가 목마른 아이들도 답답하겠지만 그 아이들을 집에 데리고 있으면서 TV 삼매경에 빠뜨리는 엄마의 마음도 무겁기는 마찬가지다.

## 놀이 욕구를 풀어줄 다양한 방법

놀이터에서 싸우고 다치는 걸 보면 엄마는 마음이 불안하다. 저학년 때까지는 아이가 싸움을 일으킬 수도 있고, 다른 아이에게 치일 수도 있는데 엄마 입장에서는 둘 다 불안하다.

만약 친구와의 놀이 상황에서 자꾸 트러블이 생긴다면, 아이를 친구 사이에 억지로 밀어 넣는 대신 엄마, 아빠와의 상호작용을 늘리는 것도 하나의 방법이다. 친구와의 관계 맺기가 사회성 발달의 유일한 통로인 것은 아니다. 아이에게 언제나 안전한 친구는 엄마와 아빠다. 부모와 의사소통이 잘되는 아이는 친구와의 대화에도 자신감을 얻는다.

학생들이 다투거나, 안전사고가 빈번하게 일어나면 담임선생님의 재량으로 쉬는 시간 놀이를 금지시킬 때도 있다. 사고의 위험성에 대해 충분히 설명했지만 개선되지 않을 때 이러한 방법을 쓰기도 하는데, 효과가 있을지는 의문이다.

놀지 못하게 하면 당장의 싸움은 막을 수 있지만, 놀이 욕구가 억압된 아이들 사이에서 또 다른 문제가 발생할 수 있다. 안전상의 이유로 금지시킬 게 아니라, 안전하게 놀 환경을 마련해줘야 한다. 초등학교 저학년은 놀기 위해 학교에 오고, 놀러 와서 공부도 한다. 중간 놀이 시간은 아이들이 간절히 기다리는 꿀 같은 20분이다. 아이들은 놀면서 배우고, 놀아야 자란다. 놀이에 흠뻑 빠지는 아이가 공부에도 몰입한다. 잘 놀게 하고, 학교 안팎으로 더 놀게 하자.

## 상처를 거절하는 아이

　기쁨이 1학년 때, 그 시기는 아이에게도 힘들었지만 내게도 상처였다.
그때 나는 반에서 풀타임으로 일하는 몇 안 되는 엄마들 중 하나였
다. 엄마들끼리 따로 만나거나 애들을 데리고 주말이나 방학에 놀러
가는 일은 없었다. 내가 나서서 모임을 만들지도 않았고 내게 같이 하
자고 제안하는 사람도 없었다. 막연하게 다들 그냥 각자 지내겠거니
생각했다. 그런데 나중에서야 나를 제외한, 그러니까 기쁨이를 제외
한 다른 아이들은 주말과 방학에 삼삼오오 만나서 놀았다는 것을 알
게 되었다. 그래서였을까? 기쁨이는 1학년 때 친구가 없었다. 2학기가
되자 내게 전학 가고 싶다는 말까지 했다. 그때 나는 기쁨이의 친구가
없는 이유를 일하는 엄마인 내 탓으로 돌렸다.

　"기쁨아, 기쁨이 1학년 때 친한 친구가 없었잖아. 그게 엄마 탓 같아.
그래서 지금도 미안해. 네가 엄마의 도움을 받기보다 스스로 하겠다
고 해서 고맙기도 한데 한편으로는 안쓰러워. 일하는 엄마를 이해하
도록 너를 키운 게 아닐까 싶어서."

　"엄마, 1학년 때… 그때는 내가 친구들한테 먼저 안 다가갔어. 그래
서 그런 거야. 엄마 탓 아니야. 친구는 결국 내가 사귀는 거잖아. 그리
고 엄마, 내가 친구가 없었던 것 말이야, 안 좋은 경험이었지만 꼭 나

쁘지만은 않았어. 그때 이후로 내 마음이 단단해졌어. 친구한테 먼저 다가가야 한다는 것도 알았어. 나쁜 경험이라도 내가 좋은 경험으로 바꿨어. 그러니까 엄마, 미안해하지 마~."

언제 이렇게 커서 엄마를 위로해주는 아이가 됐을까. 기특함과 대견함에 눈물이 났다. 그리고 2년간 주홍글씨처럼 안고 다녔던 딸아이에 대한 미안함과 워킹맘으로서의 죄책감이 비로소 사라지기 시작했다.

부모는 아이에게 상처주지 않기 위해 최선을 다한다. 그래서 아이가 상처를 받으면 그 상처를 준 대상을 미워하기도 한다. 그런데 상처는 누구나 줄 수 있다. 누구나 상처를 주고받는 정글 같은 세상에서 아이가 받을 상처를 막을 수 있는 힘은 부모에게도 없다.

상처는 피해갈 수 없는 삶의 과정이다. 확실한 것은 누군가가 상처를 주더라도 내가 안 받을 수 있다는 것뿐. 그리고 상처를 받았다 하더라도 상처에 머물지 않을 수 있다는 것뿐이다.

거절의 상처를 이기고서야 상처를 거절하는 아이가 될 수 있다. 상처를 거절하려면 거절의 상처도 필요하다. 아이는 상처를 이겨내고 더 단단해졌다. 성공과 만족만이 아이를 자라게 하는 것은 아니다. 상처는 아프지만, 이겨낼 가치가 있다.

그러니 아이가 거절을 겪을까봐 미리 불안해하지 않아도 된다. 거절 당할까봐 막아주지 않아도 되고, 슬퍼하지 않아도 된다. 결국 불안을 이기는 엄마가 아이의 자존감을 자라게 한다. 나서서 해결해주지 않고, 개입하지도 않고, 묵묵히 응원하며 아이 스스로 서게 했던 방식이 틀리지 않았음을, 나는 요즘 종종 느낀다.

**4교시**

## 초등 친구 자존감 : 고학년 편

## 사춘기 아이에게 친구란 생존이다

**[초6 여학생의 사례 ①] 셋은 힘들다.**

이슬이에게는 두 명의 친구가 있다. 이슬이까지 셋이 항상 붙어 다닌다. 그렇지만 이슬이의 마음 한구석에는 왠지 모를 불안감이 자리 잡고 있다. '이 친구들이 나를 버리고 둘만 단짝이 되면 어쩌나.' 하는 불안감. 둘은 1학년 때부터 친구고 그래서 더 각별하다. '둘이 지금보다 더 가까워져버리면 어쩌지?', '내가 어디에도 끼지 못하고 그저 그런 애매한 친구가 되면 어쩌지?' 이슬이는 종종 두렵다.

**[초6 여학생의 사례 ②] 무리로부터 버림을 받았다.**

풀잎이에게 작년 12월은 최악의 한 달이었다. 일 년 내내 붙어 다니며 친하게 지냈던 4명의 친구를 한꺼번에 잃었기 때문이다. 풀잎이는 지금까지 무리를 지어서 놀아본 적이 없었다. 그런데 6학년이 되자 한 무리가 풀잎이에게 같이 놀자고 제안했다. 풀잎이는 좋다고 했고, 그렇게 일 년 내내 즐겁게 지냈다. 딱히 무리지어 다녀 본 적 없던 풀잎이었기에 함께 다니는 재미가 더 쏠쏠했다. 문제는 12월이 되면서 시작됐다. 리코더 합주 때 무리에 속하지 않은 아이를 짝으로 정한 것이 사건의 발단이었다. 리코더를 잘 부는 풀잎이는 별 뜻 없이 그 친구와 듀엣을 하기로 했는데 그게 무리로부터 미움을 샀다. "풀잎이 너, 이제 우리 팀에서 아웃이야." 하루 아침에 풀잎이는 혼자가 됐다. 중학교에 가서 새로운 친구들을 사귀었지만, 예전 무리들은 지금도 풀잎이의 뒷담화를 하고 다닌다.

### [초6 여학생의 사례 ③] 절교가 두렵다.

바다는 친구를 믿지 않는다. 어느 날 갑자기 절교하자는 단짝 때문에 상처를 받았고 2년이 지난 지금도 여전히 그 이유를 모른다. 새로운 친구를 사귀어도 어느 날 갑자기 절교하자고 할 것 같아서 바다는 항상 두렵다.

초등학교 고학년 여학생들의 가장 큰 고민은 성적도, 연애도, 장래희망도 아니다. 친구다. 친구가 없어도 슬프지만, 친구가 있어도 불안하다. 친한 친구가 있어도 그 친구가 떠날까봐 두려워한다.

식욕이나 수면욕이 생존을 위한 기본 욕구라면, 초등학교 고학년에게는 그 기본 욕구에 친구라는 카테고리가 추가된다. 고학년, 특히 사춘기 여학생들에게 친구는 생존이다.

## 친구가 없으면 공부에 집중하지 못한다

초등학교 저학년들에게 친구 사귀기는 자존감 형성에 필요한 과업
이지만, 사춘기 아이들에게는 생존의 기반이 된다.

[매슬로우의 욕구 피라미드]

매슬로우의 욕구 피라미드에서 두 번째 단계를 차지하고 있는 것이
안전에 대한 욕구인데, 사춘기 아이들의 안전에 대한 욕구를 채워주는
게 바로 친구다. 그래서 공부보다 친구가 먼저다. 친구 관계가 틀어지
면 시험을 앞두고도 공부에 집중하지 못한다. 엄마랑은 싸워도 언젠가
는 화해할 거라 믿으니 괜찮지만 친구랑 싸우면 불안하다. 공부에 집
중하려면 안정된 친구 관계가 밑바탕이 되어야 한다. 이러한 경향은
학년이 올라갈수록 강해지고 중·고등학교로 갈수록 더 깊어진다.

## 무리 짓는 여학생

친구는 생존이기에 아이들은 살기 위해 뭉친다. 무리 짓기는 특히 초등학교 고학년 여학생들의 특징적인 문화라고 할 수 있다. 저학년 도 무리를 형성하는 경우가 있지만, 결집력이 높지는 않다. 무리 짓기 는 고학년으로 갈수록 강해진다.

### 무리의 형성과정

#### [1단계] 3월, 첫 만남: "나랑 친구하자"

> 개학 첫날, 초등학교 6학년 교실. 모두들 친구 사귀기에 한창이다. 친한 애들이 있는 경우에는, 그 친구들과 모여서 이야기를 나눈다. 진급한 반에 친한 친구들이 아예 없는 경우에는 이전에 같은 반이 된 적이 있던 안면이 있는 친구와 이야기를 주고받는다. 그조차도 없다면 앉은 자리 주변, 짝 혹은 앞뒤에 앉은 친구에게 말을 건다.

"안녕~ 내 이름은 구름이야. 나랑 친구하자."

"너 친구 없니? 나도 없어. 우리 같이 다니자."

"나랑 친구하자." 어찌 보면 노골적이면서도 어색한 말이다. 그런데 아이들은 이 말에 고마워하며 대부분 "그래."라고 답한다. 특히 낯가림이 있는 소극적인 아이의 경우에는 먼저 다가와주는 친구의 한마디가 반갑기만 하다. 친구를 사귀려면 이렇게 먼저 다가가는 용기가 필요하다. 어색함을 뚫고 먼저 손을 내밀고 말을 걸 수 있도록 아이의 용기를 북돋아줄 필요가 있다.

[2단계] 3~5월, 무리 탐색기: "우리 서로 잘 맞는 것 같아"

A와 B가 친해진다. C와 D가 친해진다. 주로 번호가 앞뒤거나 앉는 자리가 가까운 경우가 많다. 그러다가 A와 C가 친해진다. 자연스럽게 A, B, C, D 모두 친해진다.

→ 4인 그룹의 형성

그런데 지내다 보니 B랑 C가 서로 좀 안 맞는다. B는 E랑 친해지고 E랑 더 잘 맞는다고 느낀다.

→ A, B, C, D였던 4인 그룹에서 B가 빠져나가고 3인(A, C, D) 그룹을 형성

→ B는 E와, E가 친했던 F, G와 함께 새로운 4인(B, E, F, G) 그룹을 형성

이런 과정이 하루아침에 이루어지는 것은 아니다. 무리 탐색은 3월부터 5월까지 자연스럽게 이어진다. 이때 교사들은 학생들이 가능한 한 많은 친구들과 탐색의 기회를 가지도록 유도하는 게 좋다. 자리를 바꿀 때도 뽑기를 하기보다 여러 친구들과 고르게 접촉할 수 있도록 교사가 직접 배치해주는 방식이 좋다.

### [3단계] 6~7월, 무리 형성기: "우리끼리 친해"

> 서로 이 친구, 저 친구를 살펴보면서 나와 맞는 친구와 그룹을 만들어간다. 안 맞는 것 같으면 멀어지고 다시 잘 맞는 친구들을 찾아가면서 무리가 형성된다.

보통 6~7월쯤 되면 하나의 무리가 형성된다. 하지만 아직까지 완전히 고정적이지는 않다. 1학기 때까지는 변화의 시기다. 서로에 대한 탐색은 끝났지만 무리가 갓 형성되었기 때문에 결집력은 단단하지 않다. 다툼이 생기거나 나와 안 맞는다 싶으면 무리에서 빠져 나와 다른 무리로 들어간다. 6월이면 그 해가 끝날 때까지 아직 긴 시간이 남아있기에, 아이들은 참으면서 불편하게 지내기보다 자신에게 맞는 새로운 무리로 들어가고자 한다.

따라서 6~7월은 무리를 갈아탈 수 있는 마지막 골든타임이다. 아이들은 이보다 더 늦어지면 무리에 끼지 못할 수도 있다는 걸 알기 때문에 안 맞는다 싶으면 빨리 헤어지고 새로운 친구를 찾아 나선다. 전환이 빠르다. 이 시기에는 교사의 세심한 관찰이 필요하다. 겉도는 아이가 보이면 서둘러 도와주어야 한다. 성향이 맞는 아이들과 자리를 가깝게 배치해준다던지 모둠 과제를 묶어서 내준다던지 하는 식으로 무리와 접촉할 수 있도록 도와준다. 만약 점심시간에 겉돌고 있는 아이가 있다면 데리고 와서 그룹에 넣어주는 등의 노력이 필요하다.

### [4단계] 8~9월, 무리 고착기: "우리끼리가 편해"

> 여름 방학이 지나고 2학기부터는, 1학기 때와는 다른 양상이 나타난다. 무리끼리 몰려다니는 게 확연히 드러난다. 쉬는 시간마다 무리를 짓는다. 무리의 결속이 고착화되어 고정적인 무리로 발전한다.

2학기부터는 새로운 무리로의 편입이 어렵다. 여기에는 두 가지 이유가 있다.

첫째, 1학기 내내 서로 다투고 화해하는 과정을 거치면서 무리의 결속력이 단단해졌기 때문이다. 새로운 사람을 받아들여서 또다시 피곤한 과정을 겪고 싶지 않다는 게 아이들의 속마음이다.

둘째, 만약 A 무리가 다른 무리에서 떨어져 나온 B를 받아줬다고 해보자. 그랬을 때, 처음 B가 속해 있었던 무리는 자신들과 싸우고 나간 B를 받아줬다는 이유로 A 무리에게 적대적인 감정을 내비칠 수 있다. 즉 무리 간의 대립 상황이 생길 수도 있기 때문에 아이들은 자신과 안 맞는 걸 알면서도 섣불리 다른 무리를 찾아 나서지 못한다. 현재 무리 속에서 버티기 위해 참기도 하고 맞춰주기도 하면서 최선을 다한다. 그래서 2학기 때부터는 다툼이 있어도 무리가 유지된다.

이렇다 보니 2학기가 되면 무리 안에서 종종 갈등이 일어나고 그것을 해결하기도 쉽지 않다. 무리를 유지하기 위해 괴로움을 참았던 아이의 마음속에는 상처가 쌓여 있고 감정의 골도 깊다. 아이도 힘들지만 엄마도, 교사도 안타깝다. 이럴 때 잘잘못을 따지는 것은 올바른 해결법이 아니다. 2학기 때 무리 안에서 문제가 발생했다면 다음 세 가지를 기억하자.

**첫째, 위로다.**
소외된 아이를 위로해주어야 한다. 아이의 마음에 귀 기울이고, 많이 힘들겠다는 한마디면 충분하다. 무리에 남든 나오든 선택은 아이의 몫으로 남겨둔다. 어떠한 결정을 내려도 그 결정을 믿어주는 게 최선이다. 아이에게도 나름의 이유가 있음을 존중해야 한다.

**둘째, 해결책 묻기다.**
해결책을 제시하기에 앞서 무리 구성원들의 의견을 듣는다. 해결의 열쇠는 아이들이 가지고 있다.
"어떻게 하는 게 최선이라고 생각해?"

"누구도 상처받지 않고, 서로에게 상처 주지도 않으려면 어떻게 해야 할까? 너희 생각을 듣고 싶어."

**셋째, 격려와 믿음이다.**

무리 안에서 발생한 갈등을 두고 잘잘못을 따지는 태도는 문제 해결에 도움이 되지 않는다. 상처로 얼룩진 아이들의 마음을 녹이는 건 날선 교정이 아니라 따뜻한 격려다.

| 시기별로 본 무리 형성 과정 4단계 | | | |
|---|---|---|---|
| 1단계 | 첫 만남 | 3월 | "나랑 친구하자." |
| 2단계 | 무리 탐색기 | 3~5월 | "우리 서로 잘 맞는 것 같아." |
| 3단계 | 무리 형성기 | 6~7월 | "우리끼리 친해." |
| 4단계 | 무리 고착기 | 8~9월 | "우리끼리가 편해." |

## 무리를 이루는 인원 수

3~4명으로 이루어진 작은 무리도 있지만 8~9명으로 이루어진 거대한 무리도 있다. 무리의 성격도 다양하고, 무리 안에서도 리더와 리더를 받쳐주는 역할이 제각각 존재한다. 만약 무리가 홀수로 이루어진 경우에는 짝을 정하기가 힘들다. 여자아이 세 명으로 이루어진 경우에는 특히나 안정감이 없다. 그것을 알면서도 셋을 유지하는 이유는 방법이 없어서다. 누군가가 와서 넷이 채워지면 좋겠지만, 억지로 데려

올 수 없고 이미 제각각 무리를 형성하고 있으니 어쩔 도리가 없다.

물론 네 명으로 이루어진 무리도 문제가 없진 않다. 두 명씩 단짝이 되어 4명이 무리를 짓는 게 가장 이상적이긴 하나, 셋이 뭉치고 하나가 튕겨나갈 수도 있다.

즉 사춘기 아이들의 무리에 이상적인 수란 없다. 아이들의 마음은 수시로 바뀐다.

## 무리의 리더

### 리더는 누가 되나?

무리가 지어질 때 그중에서도 유독 인기를 얻는 아이가 있다. 그럴 경우 다른 아이들은 그 친구에게 잘 보이고자 노력하고, 그 아이는 자연스럽게 무리의 리더가 된다. 여자 아이들이라면 보통 예쁘고 성격 좋은 아이가, 남자 아이들이라면 힘세고 운동 잘하는 아이가 리더가 된다. 무리의 리더는 공통적으로 눈치가 빠르고 상냥하며 친구의 호감을 사는 법을 안다.

반에서 영향력이 높다고 꼭 무리의 리더가 되는 것은 아니다. 무리에게 끼치는 영향력과 반에서의 영향력은 별개다. 반장이나 부반장도 아니고 반에서도 조용한 편인데, 자신이 속한 무리에서는 리더인 경우도 있다.

## 리더의 도덕성

리더의 도덕성이 곧 무리의 도덕성이다. 리더의 도덕성이 높을수록 이상적인 무리가 된다. 도덕성이 낮은 무리라면 앞에서는 친한 척, 뒤에서는 욕이 일상이다. 선생님을 욕하는 일도 잦다.

## 주류 무리

초등학생인데도 중학생이랑 어울려 다니는 무리가 있다. 아는 선배가 많고 인맥이 넓다. 무슨 일이라도 생기면 선배에게 도움을 요청하면 되니 무서울 게 없다. 넓은 인맥에서 나오는 거만함이 주류 무리의 특징이자 아이들이 주류 무리를 선망하는 이유이기도 하다.

### 주류 무리에 속하고 싶은 아이들의 심리

주류 무리에 끼고 싶어 하는 아이들을 이른바 일진 지망생이라고도 부른다. 일진 지망생의 심리는 크게 세 가지다.

하나, 멋져 보이는 선배들이랑 어울리고 싶은 마음.

둘, 인맥이라도 넓혀야 인정받고 당당해질 수 있다는 믿음.

셋, 다른 친구들의 선망을 받고 싶지만, 받을 수 없으니 주류 근처라도 가고 싶은 마음.

즉, 낮은 자존감이 동경을 만들어낸다. 자존감이 낮을수록 주류 무리를 선망하며, 그 무리에 속하려고 안간힘을 쓴다. 분별없이 거절을 못하고 주류 무리에 끌려 다닌다.

## 자존감이 높으면 집착도 덜하다

대화가 많은 가정에서 자란 아이일수록 자존감이 높다. 부모에게 고민을 털어놓고 해결해본 경험이 많은 아이는 친구들 사이에서 고민을 해결해주는 상담자가 되기도 한다. 반면 가정에서 외로움을 느끼는 아이라면 어떻게든 무리에 속하기 위해 애를 쓰고, 친구에 대한 집착이 심하다. 내 마음에 공감해주고 나를 이해해주는 사람이 없기에 친구와 동병상련의 아픔을 나누려는 것이다. 말이 통하는 사람이 친구밖에 없어서 그렇다.

부모가 대화를 통해 아이의 힘든 마음을 받아준다면 아이는 지나치게 친구에게 의지하지 않는다. 학교 폭력과 같은 심각한 문제가 생겼을 때에도 평소에 대화를 많이 한 부모라면 단번에 알아차릴 수 있다. 이처럼 부모와 아이 사이의 대화는 자존감의 바탕이 된다.

대화가 많은 가정에서 자란 아이들일수록 가정에 대한 자부심도 크다. 아이가 "우리 가족은 화목해."라고 자신 있게 말한다면, 아이에게도 행복이지만 엄마에게도 큰 기쁨이다. 사춘기 친구관계가 고민이라면, 지금 아이와 대화를 시작하자.

## 축구 하는 남학생

여학생들처럼 무리 짓기가 강하지는 않지만, 남학생들도 그룹을 형성한다. 점심시간, 남학생들이 노는 모습을 살펴보면 크게 두 부류로 나뉜다. 축구 하는 남학생, 그리고 축구 안 하는 남학생.

### 축구 하는 남학생

점심시간이 되면 축구 하는 남학생들은 밥을 순식간에 먹어치운다. 빨리 밥을 먹어야 축구 할 시간이 그만큼 길어지기 때문이다. 무더위나 찬바람에도 굴하지 않고 나간다. 주말에도 축구를 하기 위해 서로 연락을 주고받는다.

"나와!! 같이 축구 하자!"

주말까지 축구를 하다 보면 자연스럽게 친해진다. 땀 흘리며 운동하는 가운데 생겨난 끈끈함이 그룹 형성으로까지 이어진다. 축구가 매개체이기 때문에 축구를 좋아하지 않는 남학생은 끼기 어렵다.

## 축구 안 하는 남학생

축구를 안 하는 남학생은 점심시간이 여유롭다. 밥을 천천히 먹고, 몇몇이 모여 보드게임을 하거나 대화를 나눈다. 그림을 그리거나 책을 읽으면서 혼자만의 시간을 갖기도 한다. 비교적 조용하다 보니 축구를 좋아하는 아이들에 비해 어울리는 친구들의 무리가 넓지는 않다.

축구에 대한 호불호는 의외로 체격이나 키와는 관련이 적다. 키 크다고 축구를 좋아하고 키 작다고 축구를 안 좋아하는 것은 아니다. 오히려 성향과 관계가 깊다. 축구는 대집단 운동이기 때문에 주로 외향적인 아이들이 선호한다.

## 남학생 사이의 주류와 비주류

한 반이 30명이라면 보통 여자아이가 15명, 남자아이가 15명인 경우가 많은데 고작 15명쯤 되는 동성 무리에서도 주류와 비주류로 나뉘는 모습이 종종 포착된다. 기준은 친구들 사이의 인기다. 특히 남학생들 사이의 인기는 축구와 관련이 깊다. 축구를 좋아하고 잘하는 남학생일수록 인기가 많다. 대체로 체격이 좋고 목소리가 큰 편이다. 이러한 남학생들은 여학생들과도 활발히 교류하고 실제로 여자 친구가 있는 경우도 있다. 그렇기 때문에 보통 주류 그룹을 형성하는 아이들은 축구 하는 남학생일 경우가 많다.

# 축구 안 하는 아들, 자존감 키우는 법

### [초4 남학생의 사례]

> 하늘이는 체격이 다부지고 축구를 잘한다. 축구 클럽에서도 단연 돋보인다. 생일이 늦고 체구도 작은 구름이는 축구 잘하는 하늘이를 부러워한다. 구름이는 축구 클럽에서도 가장 왜소하다. 일 년 넘게 시켰는데, 별로 재미있어 하지도 않는다. 팀 친구들과 어울리긴 하나 친하진 않다. 덩치 큰 아이들 사이에서 자존감이 떨어질까봐 구름이 엄마는 내심 불안하다.

축구 안 하는 아들을 키우는 엄마는 친구들 사이에서 아이가 치일까 걱정스럽다. 체구가 작은데 생일까지 늦다면, 남자 아이들 사이에서의 힘겨루기와 서열에서 밀릴까봐 걱정은 더 커진다. 주류로의 진입을 위해 유치원 때부터 축구 그룹을 만들어서 아이의 실력을 높여주려고도 하고, 태권도도 시켜보고, 방과 후 운동교실도 다니게 해보지만 타고난 기질과 성격은 좀처럼 안 바뀐다. 사실 억지로 바꿀 필요도 없다. 성향으로 인정해주면 자기답게 자란다.

체구가 작고 운동을 싫어하는 아들이 걱정이라면, 다음의 네 가지 방법을 실천해보자.

**첫째, 괜찮다고 말해준다.**

제일 중요하고 가장 필요한 행동이다. 왜소하고, 운동 실력도 좋지 않다면 남자 아이들은 자존심이 상한다. 누가 뭐라고 하지 않아도 스스로 '쟤는 나보다 힘이 세구나.' 하며 기가 죽는다. 이때 엄마가 할 일은 아이가 자신의 가치를 깨닫도록 도와주고 아이의 기를 세워주는 일이다.

"괜찮아. 넌 책도 다양하게 읽고 글쓰기도 잘하잖아."

"운동선수 할 것도 아닌데, 괜찮아! 엄마는 너를 믿는다!"

괜찮다고 다독여야 한다.

"운동도 안 하고 집에만 있으면 키 안 커!"

"남자는 운동 못하면 안 돼."

이런 말로 억지로 운동을 시키려고 하면 아이는 자신이 운동을 못한다는 사실을 스스로 인정해버리고 만다. 누가 뭐래도 엄마가 대범한 믿음을 보여줘야 아이의 자존감도 지킬 수 있다.


**둘째, 스스로를 지킨다.**

힘이 센 남학생들 중에는 간혹 자기보다 약한 친구를 우습게 보는 아이도 있다. 몸은 자랐지만 도덕성은 그만큼 자라지 않은 탓에 약육강식의 방식으로 친구를 대하는 것이다. 강자에게는 약하고 약자에게는 강한, 어찌 보면 비열한 아이인데 교사의 시선에서 보면 별로지만 친구들 사이에서는 의외로 인기가 있다. 운동으로 다져진 몸, 친구들의 인기를 믿고 자기보다 약해 보이는 친구를 은근히 자극한다. 화장

실로 걸어가면서 앞에 있는 친구에게 "비켜!" 하고 괜한 말을 하는 식이다.

이때 중요한 것은 아이가 스스로를 지키려는 행동을 보여주는 것이다. 자신을 지키는 것과 상대를 힘으로 제압하는 것은 다르다. 단호한 말투와 눈빛으로 "이유 없이 비키라고 하지 마!"라고 말하면 된다. 직접 하지 못하겠다면, 선생님께 도움을 요청하는 것도 방법이다. 어떤 방식이든 아이에게 스스로를 지키는 방법을 가르쳐주도록 하자.

### 셋째, 걱정하지 말자.

하지만 약해 보인다고 툭툭 건드리는 아이들은 많지 않다. 운동을 좋아하고, 잘하는 아이들 가운데에는 인성까지 훌륭한 아이들도 많다. 운동을 제대로 배운 아이들은 화날 만한 일에도 주먹부터 올리지 않는다. 참을성이 있고, 상대방이 약자면 더 배려한다.

게다가 운동을 좋아하지 않는다고 친구가 없는 것은 결코 아니다. 운동 실력과 사교성은 별개다. 운동하는 것을 좋아하면 친구들과 접촉할 기회는 많아지겠지만 그것이 절대적인 것은 아니다.

### 넷째, 성향에 맞는 운동을 찾아주자.

아이가 운동을 싫어한다고 해서 안 하게 둘 수만은 없다. 운동은 체력과 직결되기 때문이다. 체력을 키우고 건강을 유지하는 데 운동만큼 좋은 것은 없기에, 꼭 축구가 아니더라도 적당히 할 수 있는 운동을 찾아주는 게 필요하다.

만약 여러 사람이 함께하는 것을 부담스러워 한다면 개인 운동을 권해본다. 경쟁하는 운동보다 개인의 기록을 갱신하는 운동이 더 잘 맞을 수 있다.

몸싸움을 싫어한다면 격렬한 운동은 피하는 게 좋다. 겁이 많아서 운동을 싫어하는 아이도 있고, 시끄러운 소리 때문에 운동을 싫어하는 아이도 있다. 기합소리만으로도 질겁하는 아이라면 시끌벅적한 곳보다는 소수 정예의 차분한 체육학원이 더 잘 맞는다.

운동을 못해서 하기 싫은 경우라면, 운동에 대한 자신감이 없어서 흥미가 떨어진 경우다. 개인 선생님을 붙여주면 좋다. 축구를 하든 수영을 하든 일대일로 선생님께 코치를 받을 수 있다면 운동력 향상에 도움이 된다. 만약 비용이 부담스럽다면, 운동 신경이 비슷한 아이들을 그룹으로 묶어서 트레이닝을 받게 할 수도 있다. 비슷한 실력을 지닌 아이들끼리 팀을 이루어야 모든 아이들이 위축되지 않고 배울 수 있다.

운동을 싫어하는 아들이 걱정된다고 해서 집에 있는 아이를 억지로 밖으로 내몰면 자존감 형성에 역효과만 일어난다. 모든 것을 잘해내는 아이는 많지 않다. 운동에 소질이 없다면 다른 장점을 찾고, 그것을 인정해주도록 하자.

## 건강한 친구 관계를 위해

친구 수가 친구 자존감을 높여주는 것은 아니다. 무리에 속해 있고, 같이 다니는 친구들이 많다 하더라도 그 속에서 좋은 관계를 맺고 있지 않으면 친구 자존감은 낮아진다. 친구 자존감은 누구와 친하느냐가 아니라, 친구들과 어떤 관계를 맺고 있느냐에 따라 결정된다. 건강한 친구 관계란 아래와 같은 특징을 지닌다.

### ① 대등한 관계

"나 알림장 쓰기 귀찮아. 너 알림장 쓴 거 사진 찍어서 나한테 톡으로 보내."

친구라면서 이런 식의 명령을 아무렇지도 않게 한다면 어떨까. 친구는 대등해야 한다. 친구를 하인처럼 부리거나 친구의 눈치를 살피며 일방적으로 맞춰주는 것, 그 어느 것도 대등한 관계라고 볼 수 없다. 완벽한 균형을 이루는 것은 어렵다 하더라도, 상식적인 선에서 서로를 배려할 수 있어야 한다.


② 안전한 관계

"엄마, 나 이번 주말에 친구들이랑 놀이동산 가기로 했어. 용돈 줘."

"너 무서워서 놀이기구 못 타잖아. 회전목마 타자고 거길 가?"

"나만 어떻게 안 가. 나 빼고 걔네끼리 무슨 얘기할지 신경 쓰여."

안전한 관계란 물리적인 안전만을 뜻하는 것은 아니다. 함께 있을 때 정서적으로 안정감을 느껴야 안전한 관계다. 친구가 내 흉을 볼까 봐 걱정되고, 자기들끼리 한편이 돼서 나를 소외시킬까봐 불안한 관계는 안전한 관계라고 볼 수 없다. 안전하지 않은 친구에게는 속마음을 드러낼 수가 없다. 그런 관계라면 겉으로만 친해 보일 뿐, 마음은 멀리 있는 형식적이고 피상적인 관계에 지나지 않는다.


③ 존중하는 관계

"떡갈비 더 먹고 싶지? 너 돼지잖아. 내 것 줄게, 돼지야, 더 먹어."

친한 친구에게 더 함부로 하는 아이들이 있다. 짓궂게 놀린다던지, 전화기를 허락 없이 쓴다던지, 비속어를 남발한다. 여학생들보다 남학생들에게서 더 많이 보이는 형태다. 단단한 우정이라 여기지만 실상은 존중이 없는 관계다. 친구에게 상처 주는 말을 함부로 하는 건 우정이 아니다. 친하다고 놀리고 욕해도 괜찮은 것은 아니다. 친할수록 예의를 지키고 배려해야 한다. 그게 존중이고 건강한 관계다.

④ 균형 있는 관계

셋이 친한 경우라면 균형을 맞추기가 어렵다. 둘이 짝이 되면 곧장 한 명이 소외되기 때문이다. 관계의 균형점이 쉽게 깨질 수 있기 때문에 셋이 똑같이 친하기란 웬만해서는 쉽지 않다. 넷이 훨씬 안정적이다. 둘씩 짝을 할 수 있기 때문이다. 다섯이나 여섯도 괜찮지만 그럴 경우 관계의 화살표가 복잡해진다. 인원이 너무 많아지면 그 안에서도 더 친한 친구들, 덜 친한 친구들로 분열이 생길 수 있다.

사실 균형 있는 관계를 만드는 것은 인원의 수보다는 관계 맺는 기술과 배려에 달려 있다. "난 괜찮으니 이번에는 너희 둘이 짝해." 하고 배려한다면 셋도 균형을 유지하는 게 가능하고, 그러한 배려심이 없다면 넷이라도 쉽게 관계의 균형을 잃는다. 균형 있는 관계를 만드는 결정적 요인은 친구들을 포용하고 배려하는 마음이다.

## 누가 먼저 사과해야 할까?

"너 나한테 욕했어! 빨리 사과해."

"야! 네가 먼저 놀렸잖아. 놀린 네가 먼저 사과해야지, 왜 내가 먼저 해?"

누가 먼저 사과하느냐를 두고도 갈등이 생긴다. 누가 먼저 사과해 야 할까? 먼저 시비를 건 사람이 사과도 먼저 해야 할까? 아니면 더 큰 잘못을 한 사람이 해야 할까? 누가 더 고의적으로 잘못했는지 가려 서 순서를 정해야 할까?

나는 미안함을 느낀다면 누구든 먼저 사과할 수 있다고 생각한다. 사과는 머리로 하는 게 아니라 가슴으로 하는 것이기 때문이다. 게다 가 사과는 타이밍이다. 잘못의 무게를 따지느라 사과의 타이밍을 놓 쳐서는 안 된다.

## 왜 사과하지 못할까?

갈등 상황에서 아이들이 원하는 것은 참으로 소박하다. "미안해." 그 한마디면 된다. 그런데 그 한마디의 말을 못하는 아이가 있다. 모르고 그랬다며 자신의 태도를 합리화시킨다. 심지어 때리고 욕하고서도 사과하지 않는 아이도 있다. 변명을 늘어놓으며 어물쩍 넘어가려고만 한다. 혹은 영혼 없는 사과를 던지며 상대방에게 더 큰 상처를 주기도 한다. 왜 사과하지 못할까?

미안함을 느끼지 못해서다. 자신으로 인한 상대방의 아픔을 모르는 것이다. 공감력이 떨어지는 아이는 사과력도 떨어진다.

## 부모의 공감을 통해 사과를 배운다

내 아이의 감정만 귀하고 친구의 감정과 친구 엄마의 감정에는 무감각한 사람이 있다. 내 아이만 보호하며 안심한다. 내 아이가 상처 주는 것에는 무심한 반면, 아이가 친구에게 부당한 대우를 받았을 때는 즉시 사과받기를 원한다. 남에게 상처 주는 것은 알지 못한 채, 내 아이가 받을 상처만 막아주는 것은 이기적인 태도다. 부모라면 자신의 행동이 남을 아프게 할 수도 있다는 걸 아이에게 알려줘야 한다.

아이들은 자기중심적이다. 그렇기 때문에 자신의 아픔에는 민감하지만 다른 사람의 아픔은 돌아보지 못한다. 아이가 다른 사람의 감정을 상하게 하면, 부모는 그 사실을 볼 수 있게 도와줘야 한다. 아이가 납득 못하는 일을 부모는 해석해줄 수 있어야 한다. 아이가 적개심을 가진 대상을 부모는 용서할 수 있어야 한다. 너의 감정만 귀한 게 아니라는 것을 일깨워줘야 하는 사람이 부모다.

## 사과하는 부모에게서 용기를 배운다

태어나면서부터 미안해할 줄 아는 아이는 없다. 아이는 자아가 약하다. 스스로의 잘못을 들여다보기보다 회피하려 한다. 잘못을 직면하는 게 고통스럽다 보니 오리발을 내밀거나 남 탓을 하며 당장의 불편함으로부터 도망치려 한다. 변명, 거짓말, 남 탓 모두 자신의 잘못을 인정하지 못하는 낮은 자존감에서 나오는 반응이다. 자존감이 낮기 때문에 피하려 들고, 그래서 사과를 하지 못한다.

사과를 하지 못하는 어른도 있다. 잘못을 인정하고 사과하는 걸 자존심 상해하며 입을 떼지 못한다. 사과는 체면을 구기는 일이며 안 하는 게 권위를 세우는 일이라 여긴다. 하지만 사과는 마음에서 나오는 말이다. 인간적이고 따뜻한 사람만이 할 수 있는 마음의 언어다. 사과하고자 하는 감정은, 나이나 지위, 권위가 부여해주는 게 아니라 마음이 주는 것이다. 미안한 마음을 느꼈다면 누구나 사과할 수 있고 사과해야 한다.

부모라서, 상사라서, 교사라서 사과할 수 없는 것은 아니다. 부모도 아이에게 사과할 수 있어야 한다. 아이의 상처를 풀어주기 위해 부모가 먼저 다가갈 수 있어야 하며, 그것이 바로 용기다. 아이에게도 미안하다고 사과할 수 있는 부모에게서 아이는 사과할 수 있는 용기를 배운다.

  아이들이 다투는 상황은 복합적이다. 따라서 명백한 가해자와 완전한 피해자로 나누는 게 어렵고, 거의 양쪽 모두에게 잘못이 있는 경우가 많다. 보통 아이들은 잘잘못을 따지는 것에 집중하지만, 중요한 것은 누가 상처받았느냐에 있다. 내가 다른 사람을 아프게 한 건 아닌지를 돌아보는 게 시비를 가리는 일보다 우선이다. 그게 사과의 열쇠다. 다른 사람의 아픔에, 먼저 미안하다고 말할 수 있는 아이로 키우는 게 중요하다.

## 용서하는 아이가 행복하다

"그 친구한테 사과받았어? 걔가 너한테 미안하다고 해?"
"선생님이 불러다가 사과시킨 거 맞지?"

아이가 친구로부터 놀림을 당했거나 욕을 들었을 때, 엄마는 사과를 받아내는 게 아이의 자존심을 지켜주는 일이라고 생각한다.

그런데 사과를 받는 것보다 더 중요한 게 있다. 아이가 용서를 했느냐다. 마음으로 사과를 받아들이지 못하면, 상처라는 응어리는 계속 남아 아이를 괴롭힌다. 사과를 받았다 한들 용서를 못하면 화해가 안된다. 화해를 이루는 과정은 먼저 사과, 그 다음이 용서다. 대부분의 부모들이 아이가 '사과를 받았는지'는 짚고 넘어가면서, 아이가 '용서를 했는지'는 살피지 않는다. 꼭 아이에게 이렇게 물어보아야 한다.

"친구가 사과했을 때, 네 마음은 어땠어?"

사과하는 마음을 표현하는 단어가 "미안해"라면, 용서를 나타내는 단어는 "괜찮아"이다. 용서력은 괜찮다고 말할 수 있는 힘이다.

## 왜 용서를 못할까?

아이들은 자존감도, 용서 그릇도 작다. 별것 아닌 일에도 부당함을 느끼고 억울해한다. 부모에게는 아무것도 아닌 사소한 일이, 아이에게는 분하고 눈물 터지는 큰일이 되는 이유다. 그런 거 가지고 왜 우느냐고 해봤자 소용없다. 용서의 그릇이 커질 때까지 작은 놀림에도 발끈할 수밖에 없다. 저학년일수록 고자질이 흔한 것도 이 때문이다.

### 용서력이 곧 자존감이다

자존감이 낮을수록 용서하기를 어려워한다. 자신에게조차 그렇다. 스스로에게 너그럽지 않다 보니 실수하지 않기 위해 늘 긴장한다. 그래서 삶이 고단하다. 자존감이 높은 사람은 자신에게도, 타인에게도 관대하다.

용서력은 곧 스스로 행복할 수 있는 힘이고 자존감이다. 자존감이 자라면 용서할 수 있는 그릇도 커진다. 그리고 용서력이 있는 아이는, 일상에서 겪는 부당함과 그에 따른 억울함을 더 잘 이겨낼 수 있다.

### 용서는 공평하다

"내가 왜 용서해야 해? 이건 불공평해!"

공평하지 않다는 생각은 용서를 어렵게 만든다. 피해를 당한 사람이 잘못한 상대방을 용서하는 걸 불공평하다고 생각하면, 용서하라는 말만 들어도 억울하다. 불공평하다고 여기는 이유는, 용서가 가해자를 위한 것이라고 느끼기 때문이다. 가해자를 잘못으로부터 자유롭게 해주는 일이라고 여기기 때문이다. 그러나 용서를 받아도 잘못은 남는다. 용서를 구하는 건 자신의 잘못을 인정하는 것이지, 잘못을 씻어내는 게 아니다.

오히려 용서는 가해자를 미워하는 데 에너지를 쓰고 있는 나를 자유롭게 해준다. 그렇기 때문에 용서는 이타적인 행위이기도 하지만 나를 위한 행위이기도 하다.

세상에 완전무결한 사람이 어디 있을까. 잘못 없는 삶은 없다. 내 삶만 봐도 그렇다. 철없던 어린 시절부터 다 큰 어른이 돼서까지 온전치 못하고 실수가 많다. 수없이 많은 분들께 용서를 받았다. 내가 용서받았기에 나 또한 누군가를 용서할 수 있었다. 그리고 그만큼 누군가로부터 또 용서를 받았다. 이것이 용서의 선순환 구조다.

내가 아이 친구의 실수에 너그러워지면, 다른 누군가도 내 아이를 이해해줄 것이다. 내 아이가 먼저 용서하면, 어느 날은 누군가에게서 다시 용서를 받게 될 것이다. 세상은 더불어 살아가는 것이며, 마음은 서로 연결되어 있다. 그래서 용서는 결국 공평하다.

## 용서하지 못해서 원수가 된다

초등학교에서 일어나는 다툼이란, 대부분 소소한 수위에 그치는 것들이다. 그만큼 아이들이 감당하는 용서의 무게도 그렇게 무겁지는 않다. 상대를 증오할 만큼 잔인한 피해를 입어서 용서를 못하는 경우란 아이들에게는 잘 일어나지 않는다.

오히려 원수라서 용서를 못하는 상황보다 용서를 못해서 원수가 되는 경우가 더 많다. 학교 폭력이라고 이름 붙여지는 사건들 중에는 실제 상황이 참혹해서가 아니라 사과와 용서가 제때 이루어지지 않아서 극단으로 치닫는 경우가 많다.

적당히 약게 살아야 한다고, 상대방을 용서하는 것은 손해라고 말하는 세상이지만 용서하지 못한다면 나의 현재를 건강히 살아갈 수 없다. 어려운 일이지만, 우리 아이들에게 용서의 중요성을 알려줘야 하는 이유가 바로 여기에 있다.

## "괜찮아"의 기적

괜찮아, 이 한마디 말이 도저히 괜찮을 수 없는 상황과 환경으로부터 벗어나게 하는 기적을 일으킨다. 용서는 미움의 굴레에서 해방되는 것이고, 우정을 붙이는 접착제다. 용서하고 나면 한층 빛나는 세상을 마주할 수 있다. 용서할 수 있다면, 세상은 살 만해진다.

"미안해."

"괜찮아."

이 말이 우리 아이들의 교실을 가득 채웠으면 좋겠다. 사과의 빈곤, 용서의 빈곤에서 벗어나 마음 부자가 되는 아이들이 많아진다면, 아이들의 학교생활은 한층 더 풍요롭고 안전해질 것이다.

## 다툼 중재 알고리즘

아이들이 싸우면 선생님도, 엄마도 할일이 많아진다. 그 상황에서 만약 중재할 자신이 없다면 더럭 겁이 나기도 한다. 그래서 일단 사과를 종용하고, 다툼을 막기 위해 양보를 강요하기도 한다. 하지만 그러다 보면 형식적인 사과를 하거나 반대로 영혼 없는 사과를 억지로 받아들여야 하는 상황에 놓일 수도 있다.

진정성 있는 화해를 이끌어내기 위해서는 화해를 강요하기보다 아이들에게 화해의 의사가 있는지부터 물어봐야 한다. 사과할 마음이 있는지, 그리고 사과하면 그것을 용서해줄 마음이 있는지를 확인하는 것이 중재의 시작이다. 사과하고 용서하고자 하는 결정은 당사자들의 몫이기 때문이다.

## 화해력을 키우는 4단계 다툼 중재법

### [1단계] 당사자들의 의견을 확인한다

다툼에 관련된 아이들의 마음을 묻는다.

| 사과할 의향 | "네가 먼저 욕한 것에 대해서 사과할 마음이 있니?" |
|---|---|
| 용서할 의향 | "친구가 사과를 하면 받아줄 생각이 있니? 용서할 마음이 있니?" |

### [2단계] 의견이 다를 경우를 염두에 둔다

| 화해 의사 확인 | | 사과 의향 | |
|---|---|---|---|
| | | Yes | No |
| 용서 의향 | Yes | 중재 없이도 화해가 가능. 아이들에게 맡긴다. | 사과에 대한 오해를 바로잡고 1단계로 돌아간다. |
| | No | 일단 상대방의 사과를 들어볼 것을 권유하고 1단계로 돌아간다. | 중재하기 어려움. 각자의 마음을 공감해주되 감정이 가라앉기를 기다린다. |

① 사과할 마음과 용서할 마음이 모두 있는 경우

서로 화해할 의사가 있다는 뜻이다. 아이들에게 해결을 맡긴다.

"사과할 마음도 있고, 또 사과를 받아줄 마음도 있다고 하니까 먼저 둘이 이야기해보렴. 너희가 화해할 마음이 있으니까, 선생님이 나서지 않고 믿고 맡기는 거야."

② 사과를 하겠다고 하는데, 용서할 마음이 없는 경우

"지금 친구의 사과를 받아줄 수 없는 것은 그만큼 네 마음이 많이 상했기 때문이야. 억지로 받아주라고는 안 할게. 강요한다고 되는 일이 아니지. 하지만 친구가 사과하겠다는 건 자기 잘못을 인정하고 미안해한다는 소리거든. 그 마음을 이야기해볼 기회는 줘야 하지 않을까? 들어보고 결정해도 늦지 않을 거 같은데, 네 생각은 어때?"

③ 용서할 마음이 있는데 사과를 안 하는 경우

사과를 안 하려고 하는 이유는 크게 두 가지다.

첫째, 미안하지 않기 때문에.

둘째, 지기 싫어서.

미안함을 느끼지 못하는 아이는 공감력도 떨어진다. 상대방의 입장을 이야기해주고 공감할 수 있도록 도와줘야 한다.

만약 지는 것 같아서 사과를 못하는 경우라면, 사과에 대한 잘못된 인식을 가진 경우다. 사과에 대한 오해를 바로잡아준다.

| 사과에 대한 오해 | 오해 바로잡기 |
|---|---|
| [오해 1] 먼저 사과하는 것은 지는 것이다.<br>[오해 2] 사과를 받아내면 이기는 것이다.<br>[오해 3] 사과하는 건 손해다. | 사과는 이기고 지는 문제가 아니다.<br>사과는 이해득실을 따질 수 없다.<br>서로의 상처를 남기지 않는 게 최선이다. |

하지만 사과를 강제할 수는 없다. 잘못이 분명한데도 사과를 하지 않는다면, 당한 아이 입장에서는 상처다. 그때는 상대방의 연약함을 이해시켜줘야 한다. 사과도 강한 사람만이 할 수 있다.

④ 사과할 마음도 없고, 용서할 마음도 없는 경우

사과도 안 하고 용서도 안 하겠다는 경우가 있다. 자신이 당한 것에만 집중하면서 친구의 아픔에는 무감각한 아이들, 공감력이 떨어지는 아이들에게서 주로 보이는 패턴이다. 그대로 놔둘 경우 심한 상황으로 번질 수도 있다. 성인 보호자(교사, 부모)가 나서서 둘 사이에 일어난 사실과 감정을 들여다볼 수 있도록 가르쳐 주어야 한다.

 사실과 감정 들여다보기

첫 번째, 공감
선생님이 너희 마음을 다 알지는 못하지만, 사과를 안 하고 싶은 것도 용서를 안 하겠다는 것도 다 그만한 이유가 있을 거라 생각해.

두 번째, 균형 있는 입장 유지
억지로 사과시키고 화해시키려는 것은 아니야. 화해 안 하는 것도 선택이고, 너희의 선택을 존중해.

세 번째, 화해의 타이밍에 대한 설명
다만 화해에는 타이밍이 있다는 걸 가르쳐주고 싶어. 지금 화해를 못하면, 나중에는 더 힘들어. 계속 싫고, 얼굴 보면 화나고, 마주치기 싫은 관계가 될 수도 있어. 사과도 용서도 남을 위해 하는 것 같지만, 사실은 자신을 위한 것이기도 해. 내 마음이 편해지거든.

여기까지 설명했을 때 둘 다 YES(화해하겠다)라는 말이 나오면, 앞의 ①번처럼 아이들에게 맡기면 되지만 끝까지 NO(화해하지 않겠다)를 고집한다면 더 이상은 중재할 수 없다. 일단 아이들을 분리시키고 시간을 갖고 감정이 잠잠해지기를 기다려주는 편이 낫다.

**[3단계] 억지로 화해하는 것은 아닌지, 진심을 묻는다**

억지로 사과한 것은 아닌지, 내키지 않는데 받아준 것은 아닌지 꼭 확인해야 한다. 감정의 앙금이 남아 있다면 언제든 다시 문제가 불거질 수 있다. 다음 사항을 꼭 확인하자.

① 마음에서 우러나와 화해한 것이 맞는지 묻는다.

"혹시 억지로 사과한 것은 아니니? 너도 억지로 받아준 것은 아니니? 지금 여기서 솔직하게 말해보자."

② 감정의 앙금 유무

"자려고 누웠는데 계속 생각날 것 같으면 아직 억울함이 남아 있는 거야. 그걸 앙금이라고 해. 앙금을 남기는 건 진정한 의미의 화해가 아

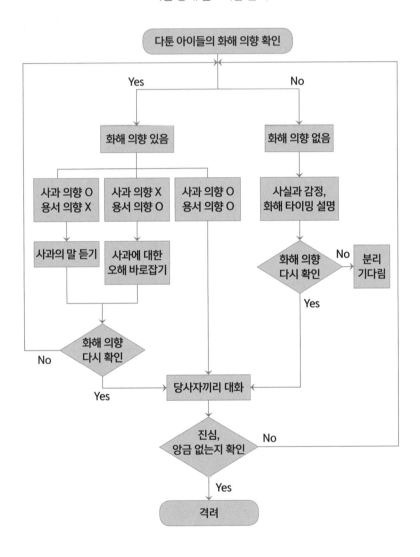

다툼 중재 알고리즘 순서도

니야. 마음이 다 풀리지 않아서 불편함이 있다면 지금 얘기하자."

감정이 남아 있다고 한다면 1단계로 다시 돌아가고, 둘 다 없다고 한다면 4단계로 넘어간다.


**[4단계] 격려한다.**

3단계를 거쳐서 진심으로 화해했다면 이제 아이들을 격려해준다.

"훌륭하다. 사과도, 용서도 마음 그릇이 큰 사람만 할 수 있어. 앞으로도 다툼이 있을 때마다 이렇게 해보렴."

아이들은 싸우고 난 후에 좋은 화해도 경험해봐야 한다. 중재를 부담스러워하지 말고 아이들을 위해서 노력해보자.

싸우지 않는 아이는 없다. 싸우지 않는 아이가 건강하다고도 볼 수 없다. 싸움도 겁내지 않는 아이, 싸우고 나서도 올바로 화해할 수 있는 아이로 키우자.

 잘 싸우는 법과 화해 잘하는 법

잘 싸우는 법
① 때리거나 욕하지 않고 오직 말로 한다.
② 친구를 이해하기 어려울 때는 참기보다 솔직하게 말한다.
③ 화난 감정은 덜어내고, 사실 위주로 말한다.
④ 목소리를 낮춘다. 큰 소리를 내면 서로 헐뜯게 된다.
화해 잘하는 법
① 내 잘못을 인정하고 사과한다.
② 친구의 입장에서 생각하고 이해한다.

③ 친구가 사과하면 용서한다.

④ 화해가 안 될 것 같으면 성인보호자의 중재를 요청한다. (학교에서는 선생님, 집에서는 부모)

## 학교 폭력 대처법

학교 폭력 문제가 사회적 이슈로 대두되다 보니, 부모 입장에서는 학교 폭력이라는 말만 들어도 신경이 곤두선다. 당하는 것도 걱정이지만, 때리는 것도 걱정이다. '폭력'에는 부모와 교사의 적극적인 대처가 중요하다. 아이들은 합리적인 판단을 내릴 만큼 성숙하지 않다. 현명하게 판단하고 결정할 수 있는 성인 보호자가 나서 주어야 한다.

---

**학교 폭력 대처법**

1. 사건에 대한 경위 설명은 교사가 한다.
2. 속상한 마음을 공감해주고, 진심을 담아 사과한다.
3. 재발 방지에 대한 약속과 함께 폭력이 반복될 경우 어떻게 할 것인지에 대해 대화한다.

---

**첫째, 사건에 대한 경위 설명은 교사가 한다.**

학생들 간의 다툼이 폭력으로 이어진 경우, 교사가 가정으로 연락해서 상황 설명을 해야 한다. 특히 가해 학생 쪽에 알리는 것이 중요하다. 교사가 사실을 정확하게 전달하지 않으면 궁금한 엄마들끼리 알음알음 연락을 주고받으며 말을 전하게 되고, 이 과정에서 사건이 증폭되고 온갖 억측과 오해가 만들어진다. 교사가 직접 상세하게 사건 설명을 하면 의외로 상황이 쉽게 정리될 수 있다. 어느 쪽도 편들지 않고, 객관적이고 균형 잡힌 시각을 지닌 교사가 피해자와 가해자 모두에게 상황을 설명해야 한다. 사건이 발생하면 그 즉시 해야 하고 당일을 넘기지 않는 게 가장 좋다.

**둘째, 속상한 마음을 공감해주고, 진심을 담아 사과한다.**

내 아이가 누군가를 때렸다면 상대방 부모에게 연락을 해야 한다. 이미 아이들끼리 화해를 했어도 마찬가지다. 부모의 입장에서 사과를 전하고 상해를 입힌 경우 치료에 관한 이야기도 명확히 하는 게 깔끔하다. 진심 어린 사과를 하면 상대방의 마음도 한결 누그러질 것이다.

만약 일방적으로 맞고 왔다면, 지금 아이의 마음속에는 억울함이 가득할 것이다. 때리고 싶지만 참았던 것일 수도 있다. 겉으로 분노를 표출하는 아이들보다 속으로 삭히는 아이들의 스트레스가 훨씬 더 크다. 똑같이 때리는 방식으로 대응하지 않은 점을 격려해주고 화나고 속상한 마음, 억울한 마음을 풀어주어야 한다.

**셋째, 재발 방지에 대한 약속과 함께 폭력이 반복될 경우 어떻게 할 것인지에**

대해 대화한다.

아이가 맞고 왔을 때 부모는 비슷한 일이 또 일어날까봐 걱정스럽다. 이미 일어난 일은 어쩔 도리가 없지만, 앞으로 아이가 타깃이 되어서 지속적인 폭력을 당하는 일은 막아야 하기 때문이다. 그나마 상대방 부모가 가정에서 단속하고, 지도하겠다는 의사를 전하면 조금은 안심할 수 있다.

또한 아이가 피해를 당했다면 앞으로 어떻게 대처할 것인지에 대해 아이와 이야기를 나눠야 한다. 무엇보다 자기를 지킬 수 있는 방법을 가르쳐 주어야 한다. 싫은 건 싫다고 단호히 말하고, 교사에게 바로 도움을 청해야 함을 알려주자.

## 싫어하는 감정도 폭력이 될 수 있다

좋고 싫음의 감정은 누구에게나 있다. 어떤 사람은 자장면을 좋아하고, 어떤 사람은 짬뽕을 좋아한다. 탕수육 소스도 찍어 먹기, 부어 먹기로 선호도가 나뉜다. 좋고 싫음은 취향과 기호에서 나오는 자연스러운 감정이다.

집단에서도 마찬가지다. 내가 좋아하는 사람이 있다면, 맞지 않는 사람도 있을 수 있다. 모두와 좋은 감정으로 지낸다면 좋겠지만 서로 다른 사람이 섞여 지내는 사회에서 모두와 화합하기란 쉽지 않다. 나는 포도가 좋은데, 너는 왜 포도를 싫어하냐고 할 수 없듯이 왜 이 친구는 좋아하고, 저 친구는 싫어하냐고 탓하고 따질 수도 없다.

하지만 혐오는 다르다. 요즘 극혐이라는 단어가 유행처럼 번지는데, 혐오라는 단어에 접두어 극을 붙여 극도로 혐오한다는 의미를 나타낸다. 사실 사람에게 사용해서는 안 되는 단어다. 만약 아이가 누군가를 지나치게 싫어한다면, 싫어하는 감정은 알아주되 '혐오하는 감정'과는 구분시켜줘야 하고 적절한 행동 지침도 알려주어야 한다.

| 친구가 싫다고 하는 아이, 분별해 주어야 할 세 가지 |
| --- |
| 1. 친구에 대한 혐오감은 폭력이다. |
| 2. 싫은 티를 내는 것은 솔직함이 아니라 무례함이다. |
| 3. 나와 맞지 않는 친구라도 적개심을 갖지 않는다. |

**첫째, 친구에 대한 혐오감은 폭력이다.**

비호감과 혐오감은 다르다. 좋지 않은 느낌이 비호감이라면, 혐오감은 병적으로 싫어하는 감정, 몸서리치게 싫은 느낌이다. 비호감은 사람에 따른 선호도의 차이로 이해할 수 있지만, 사람에 대한 혐오감은 폭력이다. 좋아하지 않을 수는 있지만, 싫어함을 넘어서는 병적인 미움은 다른 사람에 대한 존중이 결여된 것임을 아이들도 알아야 한다.

**둘째, 싫은 티를 내는 것은 솔직함이 아니라 무례함이다.**

나와 맞지 않는 사람이 있을 수 있고, 마음속으로 그 사람을 싫어할 수도 있다. 하지만 대놓고 싫은 내색을 하는 것은 솔직함이 아니라 무례함에 가깝다. 정직한 행동이 아니라 사회성이 부족해서 나타나는 미성숙한 행동이다.

**셋째, 나와 맞지 않는 친구라도 적개심을 갖지 않는다.**

아이들은 '친구 아니면 적'이라는 식의 극단적인 생각을 할 때가 많다. 하지만 나와 맞지 않는 친구라도 배척해서는 안 된다는 것을 알려줘야 한다. 적이 많을수록 인간관계에 관한 자존감은 하락하는 법이다. 싫다고 해서 다 적으로 돌릴 필요는 없음을, 함께 어울리고 화합할 수 있음을 가르쳐야 한다.

나와 코드가 안 맞는 사람은 어디에나 있기 마련이다. 싫더라도 혐오감과 적개심을 갖지 않도록 가르쳐 주어야 한다. 친구 자존감이 높은 아이는 나와 다른 타인과도 잘 지낼 수 있다. 나와 맞지 않는 사람과도 원만히 지낼 수 있는 아이는 자존감이 높고, 행복하다.

**단짝**

① 누가: 동성 친구, 단 두 명

② 언제: 유치원 때부터 성인기까지 지속적으로 나타남.

③ 어디서: 학교, 학원 등

④ 무엇을: 단 둘이서 특별한 친밀감을 나눔.

⑤ 어떻게: 여학생이라면 손을 잡거나 팔짱을 끼고 다님. 어딜 가든,
         뭘 하든 함께함.

⑥ 왜:

친한 친구가 한 명만 있어도 안정감을 느낌.

무리 짓기처럼 고도의 전략과 사회적 기술이 필요하지 않음.

무리 짓기에 비해 분열과 다툼이 적음. 다툼이 생긴다 하더라도 화
해하기가 쉬움.


문제점

**소외**: 절교를 하면 곧바로 소외로 이어짐. 무리 속에 있었다면 어느
        한 명과 싸웠어도 대안이 있지만 단짝은 대안이 없음.

**집착**: 단짝을 뺏기지 않기 위한 행동이 집착으로 나타남.

**제한**: 폭넓은 관계 맺기가 불가능함. 다른 친구와 사귀고 싶어도 단
        짝 친구와만 놀아야 함.

## 무리짓기

① **누가**: 남학생보다 여학생에게서 두드러짐.

② **언제**: 주로 초등 고학년 때부터 나타남. 최근에는 초등 저학년 때부터도 나타남.

③ **어디서**: 주로 같은 반 친구들끼리 무리를 형성하나, 여러 반이 섞인 학년 무리도 있음.

④ **무엇을**: 적게는 3명, 많게는 6~9명이 무리를 이룸.

⑤ **어떻게**: 무리끼리 똑같이 하고 다님(똑같이 화장을 하거나 같은 옷을 입거나 하는 식으로). 단톡방에서 수시로 채팅하고 쉬는 시간마다 만남. 만나서 특별히 하는 일은 없음. 주말에도 함께 시간을 보냄.

⑥ **왜**: 무리를 권력으로 여김. 무리가 커질수록 권력도 커짐. 힘 있는 무리에 속해 있는 것에서 안정감을 찾음.


## 문제점

**시간 낭비**: 단톡방 메시지가 수시로 울려댐. 일일이 응답하지 않더라도 내용 파악은 해야 하니 주기적으로 확인해야 함.

**돈 낭비**: 무리의 문화에 합류하기 위해 돈을 씀. 쇼핑부터 주말 놀이까지 지출이 커짐.

**에너지 낭비**: 무리 속에서 더 친한 친구를 만들어 두어야 안전함. 무리의 리더에게 잘 보이기 위해 애씀.

## 엄마, 나도 인기 많았으면 좋겠어

"엄마, 나도 인기가 많았으면 좋겠어."

"왜?"

"좋아 보여서. 나를 좋아해주는 친구가 많으면 좋잖아."

"별 의미 없어. 네가 너 스스로를 좋아하면 돼."

"내가 나를?"

"어. 네가 너를 마음에 들어 하면 돼. 기쁨이는 기쁨이가 좋아?"

"음… 응! 나는 내가 좋아."

"그럼 됐어. 엄마도 기쁨이가 좋아. 앞으로도 계속 너를 좋아해줘. 누가 너를 안 좋아해도 네가 좋아해주면 돼. 이제 인기 안 많아도 괜찮지?"

"응. 엄마 한마디에 괜찮아졌어."


스스로가 마음에 들지 않을수록 다른 사람의 인정을 갈구한다. 인기를 지나치게 부러워한다는 건 자존감이 낮다는 증거이기도 하다. 인기는 한때고, 인정해주는 대상도 매년 바뀐다. 지금 아이가 갈구하는 선생님, 친구들의 인정과 인기도 사실은 한 해짜리다. 해가 지나도 변하지 않는 존재는 자신뿐이다. 무엇보다도 자기 마음에 드는 사람으로 살아야 한다.

다른 사람의 환심을 사기 위해 내가 아닌 사람이 될 필요는 없다고, 스스로에게 만족하는 자기 자신이면 된다는 믿음을 주자.

**5교시**

# 초등 공부 자존감

# 공부 습관은 생활 습관이다

"집에 오면 숙제부터 해야지!"

"연산 하루에 한 장씩이야. 5분이면 해. 이거 끝내고 노는 거야."

아이는 알아서 숙제하지 않고, 스스로 공부하지 않는다. 그래서 엄마는 공부하기 싫어하는 아이를 책상에 직접 앉히는 것부터 과제에 집중해서 끝마칠 때까지 일일이 지시한다. 이처럼 초등학교 저학년 아이를 둔 엄마에게 '공부 습관 잡기'란 중요한 과제다. 왜 그럴까?

초등학교 저학년 때가 습관 형성의 결정적 시기이기 때문이다. 또한 아이가 뒤처질까봐 불안한 마음도 있다. 그런데 엄마가 공부 습관을 잡아준다 해도 아이가 공부를 잘하게 된다는 보장은 없다. 바람대로 될 수도 있지만, 기대에 못 미칠 수도 있다. 좋은 성적을 위해서라기보다는, 삶에 필요한 태도를 길러준다는 관점에서 공부 습관을 잡아주자.

## 공부 습관으로 키우는 자존감

공부 습관을 잡아가는 과정에서 '책임감'과 '절제력', '인내'와 '긍정적인 자아상' 같은 정서적 가치를 높일 수 있다.

아이들은 해야 할 일을 확인하고, 정해진 양까지 해내려고 노력하면서 자연스럽게 책임감을 배운다. 숙제나 일기 등 그날그날 해야 할 일을 꾸준히 하는 것은 책임감을 기를 수 있는 좋은 기회다.

또한 자기 통제력과 절제력도 키울 수 있다. 놀기만 하는 아이는 스스로도 불안하다. 싫더라도 숙제부터 끝냈을 때 홀가분하게 놀 수 있다.

마찬가지로 공부 습관을 통해 아이는 "나는 성실하고, 뭐든 할 수 있어."라는 긍정적인 자아상을 만들 수 있다.

공부야말로 엄마의 한계가 분명한 영역이다. 아이가 할 일이기 때문이다. 아무리 체계적으로 공부 습관을 들인다 해도 공부를 하는 주체는 결국 아이다. 불안과 욕심으로 아이의 공부 습관을 잡으려고 하면 너무 심각하고 비장해진다. 그보다는 초등학생의 생활 습관으로, 보다 만족스러운 삶을 위한 준비 과정쯤으로 보는 게 더 바람직하다. 아이의 행복한 삶을 위한 준비이니만큼 그 습관을 들이는 과정도 행복하고 즐거워야 한다.

## 공부 습관은 인정을 먹고 자란다

아이의 공부 습관, 어떻게 들여야 할까? 모든 습관이 그렇듯이 공부 습관 역시 단숨에 잡을 수 있는 것은 아니다. 한두 달로도 어렵다. 1~3년에 걸쳐 만들어가는 긴 여정이기에 여유를 갖고 접근하는 게 필요하다. 저학년의 공부 습관을 들일 때 유용한 팁 다섯 가지가 아래에 나와 있으니 참고해보자.

**첫째, 쉬운 것을 반복해서 익힌다.**

초등학교 저학년이라면 어려운 과제를 해결하는 것보다 쉬운 것을 숙달시키는 것을 목표로 삼는다. 쉬운 것을 능숙하게 해내는 과정이, 나중에 어려운 것을 해내는 밑바탕이 된다. 심화문제 해결력은 숙달된 것을 기본으로 점차 발전시켜 나가면 된다. 어려운 과제보다는 아이의 수준에 딱 맞게 혹은 그보다 낮은 수준의 과제를 매일 반복하는게 좋다. 쉬운 연산을 매일 하게 되면, 속도가 붙고 자신감도 생긴다.

꾸준히 반복하면서 공부 습관도 서서히 자리를 잡는다.


**둘째, 학년별 공부 시간 공식을 기준으로 삼는다.**

저학년의 경우 한꺼번에 몰아서 하는 것보다 조금씩 나눠서 하는 것이 더 효과적이다. 학년별 공부 시간을 참고해보자.

| 학년 | 1학년 | 2학년 | 3학년 | 4학년 | 5학년 | 6학년 |
|------|-------|-------|-------|-------|-------|-------|
| 공부 시간 | 10분 | 20분 | 30분 | 40분 | 50분 | 60분 |

학년별 공부 시간이라 함은 엉덩이를 붙이고 한 번에 집중할 수 있는 최소한의 시간을 말한다. 자리에서 일어나 왔다갔다하거나 책을 펼쳤다 접었다 하지 않고, 딱 앉아서 공부에만 집중하는 시간이다. 학년을 의미하는 숫자에 10분을 붙이면 학년별 공부 시간이 된다. 아이의 성향에 따라 차이는 있겠지만 보통의 1학년이라면 10분, 2학년이라면 20분 동안은 한 번에 집중할 수 있어야 한다.

책상에 앉은 김에 1시간씩 공부시키려는 것은 엄마의 욕심이다. 욕심을 내면 아이는 지친다. 아이가 만족감을 느낄 수 있는 최소 시간을 기준으로 공부 계획을 짜보도록 하자.


**셋째, 평가하지 말고 인정해준다.**

글씨도 예쁘게 쓰고 색칠도 꼼꼼하게 했으면 좋겠는데, 아이는 시능만 하고 다 했다고 한다. 엄마는 실망스럽다. 번개처럼 뚝딱 끝내는 아이가 마음에 들지 않는다.

"대충 하지 말고 좀 성의껏 해!"

"더 잘할 수 있잖아."

"기왕에 하는 거 제대로 좀 해봐."

그런데 다시 해도 아이는 했다는 흉내만 낸다. 잘하고 싶은 마음이 없기 때문이다. 엄마가 채근한다고 해서 잘하고 싶은 마음이 생기지는 않는다. 얼마나 잘했는지를 살피게 되면 엄마는 평가자가 된다. 평가받는다고 생각하면 아이는 즐겁지 않다. 빨리 하는 것도 능력이다. 대충한 것도 인정해주자. 해야 할 분량을 채우면 그대로 박수쳐주자. 완성도를 평가하고, 판단하기 시작하면 공부 습관 잡으려다 애만 잡는다.

**넷째, 왜냐고 묻지 않는다.**

저학년 시기까지 아이들은 "왜"라는 질문을 참 많이 한다. 사람은 왜 날지 못하는지, 엄마는 왜 성이 다른지 등등 질문이 많은 시기다. 이때 아이의 '왜'는 마음껏 받아주되, 엄마가 '왜'라고 묻지는 말자.

"왜 그렇게 생각해?"

"왜 그런지 설명해봐!"

이러한 질문은 아이를 난감하게 만든다. 저학년 때까지는 상황을 직관적으로 깨우치는데 그런 아이에게 근거를 대라고 하면 당황할 수밖에 없다. 근거를 대려면 논리적인 사고가 가능해져야 한다.

"왜 틀린 거야? 또 실수했잖아. 앞으로 안 틀리려면 어떻게 해야겠어?"

엄마의 물음이 아이 입장에서는 따지는 것 같다. 엄마 입장에서는 방법을 확인하려는 것이겠지만, 이러한 질문은 아이의 학습 의욕을 떨어뜨린다.

'왜?'라는 질문은 고학년 때부터 하는 게 좋다. 만약 질문을 사용하고 싶다면, 아래처럼 질문의 타이밍이나 방식, 표현 등을 다르게 사용해보는 게 좋다.

"엄마가 미처 생각을 못했네. 어떻게 하면 그런 아이디어가 떠오르지? 비결이 뭐야?"

**다섯째, 순서를 알려준다.**

아이들은 순서를 자주 틀린다. 그래서 실수가 잦다. 계산 문제의 경우에는, 순서가 잘못되면 바로 오류가 생긴다. 덧셈과 뺄셈은 일의 자리부터 순차적으로 해야 하는데, 순서가 꼬이면 답이 틀리고 그게 습관이 되면 고치기가 어렵다. 공부 시간 동안, 엄마가 아이 옆에 앉아 있는 가장 큰 목적은 그러한 오류를 즉각 바로잡기 위해서다. 습관으로 굳어지지 않도록 그때그때 알려주어야 한다.

덤벙대는 아이일수록 엄마의 도움이 더 많이 필요하다. 차근차근 순서를 가르쳐주자. 또한 아이들은 우선순위를 정할 줄 모른다. 오늘

해야 할 일, 주말까지 끝내야 할 일 등 시간과 중요도 순으로 할 일을 구분해야 하는데, 아이가 혼자 하기에는 벅차다. 엄마가 옆에서 도와주어야 한다.

---

### 초등 저학년, 공부 습관 잡는 다섯 가지 팁

1. 쉬운 것을 반복해서 익힌다.
2. 학년별 공부 시간 공식을 기준으로 삼는다.
3. 평가하지 말고 인정해준다.
4. 왜냐고 묻지 않는다.
5. 순서를 알려준다.

---

공부 습관 잡는다고 엄마는 화내고, 아이는 매일 눈물 바람이라면 안 한 것만 못하다. 배움이 더딘 것은 혼날 일이 아니다. 부정적인 피드백을 계속 주게 되면, 공부 습관도 안 잡힐 뿐더러 자존감만 낮아진다. 학습은 다른 곳에 맡길 수도 있지만, 아이와 좋은 관계를 만드는 것은 맡길 곳이 없다. 만약 공부 시간에 아이를 자꾸 다그치게 된다면 공부방이나 학습지 선생님 등 대안을 찾는 것도 하나의 방법이다. 공부 습관보다 중요한 것은 아이와의 좋은 관계다.

공부 습관은 인정을 먹고 자란다. 엄마가 인정해주고, 아빠에게 칭찬받는 경험이 반복된다면 습관은 저절로 잡힌다. 공부 습관이 잘 잡히고 있는 중이라면, 아이는 곧 이렇게 말할 것이다. "엄마, 공부가 즐거워요."

## 자존감 높이는 사교육 선택법

초등학생 자녀를 둔 엄마라면 누구나 사교육에 대한 고민이 클 것이다. 사교육은 공교육과는 달리 엄마의 주도하에 계획을 짜는 게 가능하다. 엄마가 어떻게 하느냐에 따라 결과가 달라질 수 있는 여지도 많고, 발품을 팔며 고생하는 만큼 좋은 결과를 가져올 수도 있다. 이렇다 보니 엄마는 사교육에 대해 민감해진다. 사교육의 힘을 통해 학업의 실패를 막고, 공부에 관한 성취를 만들고자 노력한다. 공부를 잘하면, 교사와 친구들로부터 인정을 받을 기회도 많아지기에 아이의 자존감을 위해서라도 엄마는 선행학습과 사교육에 열을 올린다.

하지만 고민이 큰 만큼 어떤 길이 맞는 길인가에 대해서는 확신이 없다. 특목고에 이어 명문대에 보냈다는 엄마의 성공 스토리에 귀가 솔깃해지는 이유도 확신이 없어서다. 그렇다 보니 자신만의 기준을 세우지 못하고 사교육의 표준을 따라간다. 남들 하는 건 해야 한다, 싫어도 6개월은 해야 한다, 저학년은 예체능을 중점으로 하고 고학년은 국영수를 중점으로 해야 한다는 일반화된 지침을 쫓는다.

그런데 자녀 교육에 표준이라는 게 있을까? 아이들은 모두 다른데 동일한 틀로 끼워 맞추는 것은 넌센스다. 아이의 성향에 따라 기준도 달라져야 한다. 사교육은, 내 아이에게 맞는 맞춤형 교육이 정답이다.

## 내 아이에게 맞는 방식으로

> 남들 하니까 나도 한다. → 아이가 원하지 않으면 멈출 수 있다.

남들 다 하는데 안 하고 있으면 불안해서 시키는 게 사교육이라는 말이 있다. 그런데 불안한 건 아이가 아니라 엄마다. 엄마의 불안을 끊으려면 비교부터 끊어야 한다. 기준을 남들이 아닌 내 아이에게로 옮겨와야 한다. 남들 다 하는 것도 아이가 원하지 않으면 멈출 수 있게 해주어야 한다. 아이는 괜히 싫다고 하지 않는다. 엄마가 권하는 데 이유가 있듯 아이가 안 하고자 할 때도 그만한 이유가 있다. 아이의 삶인 이상 선택권과 결정권을 아이에게 주어야 한다.

"다른 애들은 잘 다니는 걸 너는 왜 못 버티냐?"는 식으로 아이를 누르려 하지 말아야 한다. 비교하면서 아이를 찍어 누를 때 아이의 자존감은 꺾인다.

> 저학년은 예체능, 고학년은 국영수 → 아이가 원할 때가 적기다.

고학년 때는 국영수로도 벅차니 예체능은 저학년 때 시켜야 한다는 말이 있다. 악기 하나는 다룰 줄 알아야 하고, 운동을 해야 스트레스도 풀리고 체력도 키울 수 있으며, 그림도 어느 정도 해봐야 학교에서 하는 미술 수업에 자신감을 가질 수 있다는 말을 들으면 어느 것 하나 뺄 게 없다. 엄마 눈에는 다 필요하고 다 시키면 좋을 것 같다.

물론 어릴 때 예체능을 시키는 건 좋다. 단, 억지로 시켰을 때가 문제다. 피아노는 못해도 사는 데 지장이 없지만, 의욕이 꺾이면 앞으로 공부할 때 문제가 많아진다. 교육에 있어서 적기는 아이에 따라 다르다. 표준화시킬 수는 없다. 가장 좋은 것은 아이가 원할 때 시작하는 것이다.

> 싫어도 6개월은 해봐야 한다. → 싫다고 하면 6개월 뒤에 다시 해본다.

한번 시작했으면 6개월은 해봐야 한다는 말은 사교육계의 공식과도 같다. 물론 아이가 싫다고 할 때마다 다 받아주면 그만큼 인내심이 자라지 못하고, 배움의 즐거움을 느끼려면 어느 정도 시간을 투자해야 하는 것은 맞다.

하지만 아이들의 성향을 생각해봐야 한다. 아이들은 모두 다르다. 이유도 들어보지 않고 싫어도 해야 한다고 밀어붙이면 아이들은 숨이 막힌다. 이미 학교에서 수많은 것을 참아내고 있는 아이들이다. 수업 시간에 떠들어서는 안 되고, 쉬는 시간이 끝나면 자리에 앉아야 하고,

복도에서는 뛰고 싶어도 참아야 하고, 싫어도 숙제는 해야 한다.

게다가 싫은 것을 참아내는 게 곧바로 끈기로 이어지는 것도 아니다. 진짜 끈기는 원하는 것을 얻기 위해 지금의 어려움을 이겨낼 때 생긴다.

싫어도 6개월은 해보라고 강요하는 대신, 정 싫으면 멈추고 6개월 뒤에 다시 해보자고 말해준다면 아이의 마음은 한결 가뿐해질 것이다.

| 내 아이 맞춤형 공식 3가지 | | |
|---|---|---|
| 1. 남들 다 하니까 하는 거다. | → | 아이가 원치 않으면 멈출 수 있다. |
| 2. 저학년은 예체능, 고학년은 국영수 | → | 아이가 원할 때가 적기다. |
| 3. 싫어도 6개월은 해봐야 한다. | → | 싫다고 하면 6개월 뒤에 다시 해본다. |

### 어떻게 선택해야 할까?

사교육을 결정하기에 앞서, '가정 여건이 허락되면'이라는 명제보다 먼저 상기해야 할 것은 '아이가 동의하면'이라는 명제다.

#### 아이가 학원에 다니는 이유는, 엄마가 다니라고 해서다

연령에 맞는 교육 기관을 물색하고 시기에 맞춰 보내는 것까지 사교육의 모든 과정은 다 엄마 몫이다. 그래서일까, 저학년 아이들에게 학원에 다니는 이유를 물어보면 대부분 이렇게 대답한다.

"엄마가 다니래요."

"이제 1학년인 애한테 학원 다니고 싶냐 물으면 당연히 싫다고 하죠. 노는 것만 좋아하는데, 공부하는 건 다 싫죠. 그래도 안 하고 싶다고 그냥 놔둘 수 있나요? 남들 다 하는 건데요. 집에서 책도 읽고 한다면 몰라도 마냥 TV만 봐요. 제가 이것저것 알아보고 심사숙고해서 결정해요. 아이 성향에도 맞고, 동선도 최적이고, 케어도 잘해주는 곳. 애가 그런 걸 아나요? 결정할 수 있는 나이가 아니니까 엄마가 해줘야죠. 그냥 놀게만 하는 건 방임 같아요."

아이에게 묻지 않고 엄마가 정한 학원에 아이를 보낸다. 숙제가 밀리고 효과가 나타나지 않으면 아이를 닦달한다. 아이를 위해서라고 하지만, 아이로서는 황당하고 억울하다.

아이를 대신해서 정보를 수집하고 현명한 판단을 내리는 게 엄마의 역할인 것은 맞다. 하지만 아이에게도 의사를 묻고 선택할 기회를 주어야 한다. 학원을 다니는 사람은 엄마가 아닌 아이이기 때문이다. 아이를 위해 꼭 필요한 교육이라 하더라도, 아이가 원치 않으면 접고 기다려줄 수 있어야 한다.

### 선택권과 결정권을 아이에게

아이가 처음부터 자기 생각을 확고하게 말할 수는 없다. 선택지를 주어야 한다. 몇 가지 선택지를 주고 나면 아이가 훨씬 쉽게 생각을 정할 수 있다. 그런 과정이 계속되다 보면 언젠가는 선택지 없이도 자신의 의견을 명확하게 말할 수 있게 된다.

나 역시 사교육을 선택할 때 딸아이에게 선택지를 제시해주었다. 방만하게 선택지를 늘어놓는 것은 아이의 혼란만 가중시킬 뿐이므로, 내 선에서 여러 가지를 고려해 괜찮은 선택지들로 뽑아서 말해주고 각각을 골랐을 때 어떤 결과가 나올지 미리 설명해주었다. 그런 다음 최종 선택을 맡기니 전혀 예상치 못한 결과가 나와서 당황할 일도 줄어들고, 아이 역시 마지막 결정은 자신이 했으므로 선택에 대한 후회도 덜 느꼈다.

### 자존감을 키우는 사교육 선택법

사교육에 대한 선택지는 두세 개가 좋다. 네 개를 넘어가면 복잡해서 고르기도 힘들고 결정하는 데도 시간이 많이 걸린다. 예를 들어, 영어학원을 보내고자 한다면 엄마가 1개를 콕 찍어 통보할 게 아니라, 좋은 학원 2~3개를 정해 놓고 아이에게 고르도록 한다.

나는 다음과 같은 방식을 사용했다.

> A : 대형학원. 매일 수업. 셔틀버스를 타고 다녀야 함.
> B : 대형학원. 주 3회. 집 근처라 걸어 다닐 수 있음.
> C : 소형학원. 주 3회. 집 근처라 걸어 다닐 수 있음.

아이를 데리고 직접 학원을 방문해서 상담을 받았다. 시설도 둘러보고, 학원 규모도 살피고, 수업 횟수에 대한 설명도 해주고 나서 아이에게 최종결정을 맡겼다. 차타는 걸 싫어하는 아이는 걸어 다닐 수 있는 B를 골랐다. 사실 나는 A를 보내고 싶었다. 영어는 노출이 중요하기 때문에 매일 가는 곳이 낫다고 생각했지만, 아이의 의사를 존중했다. 그런데 반년쯤 지나자 아이 스스로 A학원에 다니고 싶다고 말했다. B학원은 숙제가 많은데다 친구들이 다 A학원에 있는 게 이유였다. 하지만 그때 A에는 남아 있는 자리가 없었다.

### 선택권을 주면 책임도 아이가 진다

"엄마, 내가 선택을 잘못했어. 내년에는 A로 옮길래."

아이가 선택을 하면, 선택한 일에 대한 책임도 자신이 져야 한다는 것을 깨닫는다. 결과에 대한 책임의 무게를 경험하고 나면 점점 더 나은 선택을 하게 된다. 고민해서 결정을 내리는 것 자체가 아이에게 좋은 경험이 되기도 한다.

만약 적절한 선택지를 찾을 수 없다면 OX형으로 제시해도 좋다. 예를 들어 수영학원이 동네에 한 곳뿐이라면 OX로 선택하게끔 할 수 있다. 아이가 동그라미를 선택하면 수영을 배우는 것이고, 가위표를 선택하면 안 배우게끔 한다. 아이에게는 안 할 수 있는 선택권도 있어야 한다.

### 스스로 원하게 되는 날이 온다

학원에 대한 선택을 아이에게 맡기면 아무것도 안 하고 놀기만 할 것 같지만 실상은 그렇지 않다. 배우기를 원하는 날은 언젠가는 오기 마련이다. 친구들을 보고서라도 하고 싶은 게 생긴다. 물론 영어나 수학은 조기에 시작할수록 유리하긴 하지만 아예 의욕이 없는 아이는 시켜도 안 한다. 철이 들수록 차츰 하고 싶은 게 생긴다. 좀 늦더라도 배우고 싶다는 의욕이 생길 때 시작하는 게 좋다. 배우기에 늦은 때란 없다. 초등학생의 배움은 이제 시작이다.

좋은 교육 서비스를 제공하는 학원이 넘치는데 무조건 외면할 필요는 없다. 단지 시작할 때 아이에게 묻고, 대화를 통해 적절한 방법과 기관을 찾아가는 게 바람직하다. 사교육에 관해서라면 옆집 엄마도, 교육 컨설턴트도, 육아서 저자도 아닌 내 아이와 상의해서 결정하도록 하자. 사교육에 대한 답은 아이가 주는 것이다. 아이가 다닐 학원이라면, 아이와 상의하자.

## 지금 잘하지 못해도 괜찮다

초중고, 대학교로 이어지는 학업의 여정은 길다. 그 긴 여정의 출발점이기도 한 초등학령기는 학습량이 많지 않고 배움의 난이도도 낮다. 입시에 대한 압박에서 비교적 자유롭고 성적에 대한 부담도 덜하다. 따라서 이때는 아이의 성취 결과보다는 공부에 대한 의욕의 유무에 더 관심을 가져야 한다. 경쟁심보다는 학습에 대한 의욕을 키워주는 게 필요하다. 잘하느냐보다 좋아하느냐가 중요하다. 초등학령기의 학습 의욕이야말로 중고등학교 때 학업에 매진하게 하는 원동력이 된다.

### 학습 의욕을 떨어뜨리는 두 가지

아예 뒤처지고 있을 때나 해도 안 될 때 학습에 대한 의욕은 사라진다. 아이가 정규 교육과정의 수준에서 뒤처지지 않아야 수업에 흥미를 가질 수 있다. 또한 공부를 열심히 한 만큼 성과를 거두어야 공부가 재미있다는 생각을 하게 된다. 따라서 아예 못하거나, 열심히 해도 성적이 오르지 않는 경우라면 부모가 나서서 도와주어야 한다.

반면, 정규 교육과정보다 과도하게 앞선 학습은 아이의 의욕을 떨어뜨린다. 한 학기 정도의 예습이라면 몰라도, 초등학교 5학년 때 중학교 과정을 배우는 식의 1~2년씩 앞선 선행은 아이에게 부담과 스트레스로 다가온다. 과부하가 걸리지 않는 선에서 1~2단원 혹은 1학기 정도의 선행이 바람직하다. 정규 교육과정을 어려움 없이 따라갈 수 있는 정도면 충분하다.

## 목표가 생기면 스스로 공부한다

목표가 생기면 공부하지 말라고 해도 하게 된다. 목표를 이루려는 의욕을 가질 때 아이는 있는 힘을 다해 공부하게 된다. 당장은 경험의 폭이 좁아서 스스로 목표를 갖기 어렵겠지만 결국 자신의 인생 계획은 자신이 세워야 한다. 초조하다고 엄마의 목표대로 아이를 움직이려고 해서는 안 된다. 엄마는 아이가 목표를 가질 수 있도록 조력자의 위치에 서는 게 좋다.

일단 아이를 관찰하고 대화하면서 아이가 좋아하는 게 무엇인지 알아보고, 그런 다음 흥미를 불러일으킬 만한 것들을 보여주고 자극해서 스스로 목표를 찾도록 도와주어야 한다. 열정은 아이에게 있지만, 그것에 불을 붙이는 사람은 엄마다. 재능도, 열정도 안내자가 있을 때

빛을 발할 수 있다.

## 인생은 길다

초등학교 때 성적이 평생 가는 것은 아니다. 이때 월등한 성취를 했어도 중고등학교에 가면서 떨어지는 경우가 있고, 초등학교 때는 주목받지 못했지만 학년이 오를수록 잘하는 아이도 있다. 대학 못 갔다고 인생이 끝나는 것도 아니고, 명문대학이 행복한 인생을 보장하는 것도 아니다. 공부 못한다고 성공 못하는 것도 아니며 성공했다고 다 행복하게 사는 것도 아니다. 당장의 결과물이 보이지 않아도 아이가 학습에 의욕이 있고, 정규 교육과정을 무리 없이 소화하며, 공부를 싫어하지 않는다면 안심하자. 인생은 길다.

## 아이들은 지금 행복해야 한다

입시 경쟁이 치열하다 보니 초등학교 때부터 입시 전쟁에 쫓기는 아이들이 많다. 자유롭게 뛰어노는 여유로운 어린 시절을 건너뛴 채 나중의 행복을 위해 학원과 공부에 매달리는 아이들. 미래를 위해 지금의 행복을 유예하는 게 과연 맞는 일일까? 지금 행복하지 않은 아이에게 미래의 행복이 어떤 의미가 있을까?

지금 공부시키지 않으면 아이의 미래가 없을 것처럼 불안한 엄마는 매일이 분주하다. 불확실한 행복을 위해 미리 준비할 게 너무도 많기 때문이다. 그러나 오늘 행복한 아이를 위해서라면 엄마가 할 일은 그리 많지 않다.

남에게 뒤지지 않아야 행복한 것은 아니다. 남부럽지 않게 해준다고 행복할 수 있는 것도 아니다. 아이와 지금의 행복을 누리자. 오늘 행복한 아이가 내일 더, 행복하다.

## 공부도 가성비를 따져야 한다

공부 못하고 싶은 아이는 없다. 공부해도 안 될 때, 열심히 하는데 잘하지 못할 때 아이는 좌절한다. 즉, 노력이라는 인풋이 좋은 결과라는 아웃풋으로 이어질 때 공부 자존감은 높아진다. 노력한 만큼 좋은 성과를 내는 것, 말하자면 공부 가성비를 높이는 게 공부 자존감을 높이는 방법이다.

그렇다면 어떻게 해야 공부의 가성비를 높일 수 있을까? 공부에 대한 노하우가 있어야 한다. 엄마가 아이를 대신해 공부할 수는 없지만, 공부 방법을 알려주는 것은 가능하다. 초등학교 저학년 때는 '공부습관'을 들이고, 고학년 때는 '공부 방법'을 가르쳐주면 좋다. 고학년 때 가성비 높은 좋은 공부 방법을 익혀두면, 공부할 분량이 급증하는 중학교 때에 유용하게 써먹을 수 있다. 다음에 나와 있는 공부 가성비를 확인하는 질문들을 참고하여 좋은 공부법을 찾도록 도와주자.

**공부 가성비를 확인하는 질문**

첫째, 공부할 양이 줄어들고 있는가?

둘째, 복습할수록 시간이 줄어들고 있는가?

셋째, 틀린 문제를 다시 안 틀리는가?

이 세 가지 항목에 모두 '예'라고 답했다면 가성비 높은 공부를 하고 있는 것이다. 만약 하나라도 '아니오'라는 답이 나왔다면 방법을 바꿔볼 필요가 있다.

**첫째, 공부할 양이 줄어들고 있는가?**

"해도 해도 공부할 게 많아요."

"공부를 할수록 공부할 게 더 많아져요."

제대로 된 공부를 하면, 지식이 체계화 되면서 방대한 지식의 규모가 차츰 줄어든다. 두꺼운 책의 내용을 얇은 노트에 정리하는 것, 강의를 들으며 한 장으로 요약하는 것, 책을 읽으며 밑줄을 긋는 것, 모두 지식을 체계화시켜서 양을 줄여나가는 과정이다.

공부해야 할 분량이 줄어들면 공부에 대한 부담이 줄고, 성취감은 늘어난다. 공부를 하면서 양이 줄어들고 있는 것을 느낀다면 제대로 된 방식으로 공부하고 있는 것이다.

**둘째, 복습할수록 시간이 줄어들고 있는가?**

인간은 망각의 동물이다. 수업 시간에 설명을 들었을 때는 이해했는데, 그 다음 날이면 배웠는지 안 배웠는지조차 가물가물하다. 반복하지 않으면 배워도 그때뿐. 저장 기간을 늘릴 수 있는 방법은 반복, 즉 '복습'뿐이다. 정보를 반복해서 익히면 단기기억 저장소에 있던 정보가 장기기억 저장소로 옮겨지는데, 이것을 우리는 공부라고 부른다.

제대로 공부했다면, 같은 내용을 복습할 때 공부 시간이 줄어들어야 한다. 처음 볼 때 1시간이 걸렸다면, 그 다음 볼 때는 20분, 그 다음에는 5분이 걸리는 식으로 지식의 인출 및 저장 시간이 짧아져야 한다. 복습할 때 공부 시간이 줄어들지 않는다면, 지식이 체계적으로 구조화되지 않았다는 뜻이다.


**셋째, 틀린 문제를 다시 안 틀리는가?**

맞춘 문제는 다시 풀어도 맞고 틀린 문제는 또 틀린다. 결국 틀린 문제를 다시 안 틀려야 성적이 오른다. 틀린 문제야말로 집중적으로 공부해야 하는 부분이다. 문제를 틀리는 이유는 크게 3가지다. 몰라서, 헷갈려서, 실수로.

---

① 몰라서 → 아예 공부를 안 한 부분. 교과서 개념 정리부터 한다.

② 헷갈려서 → 공부를 하기는 했으나 제대로 안 한 부분. 개념서로 돌아가 점검하고 정리해 두어야 한다.

③ 실수로 → 아는데 틀린 부분. 검토와 검산을 통해 실수를 줄인다.

---

몰라서라면 공부를 아예 안 한 것이니 개념서부터 봐야 한다. 실수라면 문제를 꼼꼼히 읽기, 검토하기, 검산하기의 방법을 사용해서 실수를 줄여 나가면 된다. 가장 신경 써서 점검해야 할 부분은 2번, 즉 헷갈려서 틀린 문제다. 어디서 본 것 같긴 한데 알듯 말듯 애매하다면 공부를 하긴 했는데 제대로 안 한 것이다. 제대로 알지 못한 부분을 공부한 것으로 착각하지 않아야 한다. 제대로 공부를 안 한 부분이기에 비슷한 문제가 나오면 또 틀린다. 그러니 제때 틀린 이유를 분석하고 개념을 바로 잡아야 한다.

공부는 엉덩이 힘이라는 말이 있다. 하지만 방법을 모른 채 열심히만 한다면, 성과를 내는 데 한계가 있다. 아이가 효과적인 방식으로 공부하고 있는지 살펴보고, 공부 가성비를 높여주도록 하자.

## 똑소리 나는 문제집 선택법과 풀이법

시험을 준비할 때 누구나 쉽게 도움을 받을 수 있는 게 문제집이다. 실제로 문제집은 뭘 어떻게 공부해야 할지 모를 때 좋은 길잡이가 된다.

그러나 문제를 풀고 채점만 열심히 한다고 공부가 되는 것은 아니다. 제대로 된 공부를 하고 있다면 일단 공부할 양이 줄어들어야 한다. 그런 면에서 문제집을 풀고 쌓아두는 것은 오히려 양을 늘리는 쪽에 가깝다. 문제집을 풀고 나서 왜 틀렸는지를 점검해야 푸는 의미가 있다.

### 문제집 선택

문제집이 너무 어려우면 푸는 재미가 없고, 너무 쉬우면 푸는 의미가 없다. 학습 수준에 딱 맞는 것과 그보다 조금 높은 단계의 문제집을 선택하는 게 적절하다.

문제집이 필요한 이유는 무엇인가? 가장 큰 목적은 내가 무엇을 알고 무엇을 모르는지 확인하기 위해서다. 공부해야 할 범위가 넓기 때문에 단시간에 전체를 보는 것은 어렵다. 따라서 문제집을 풀면서 내가 아는 것과 모르는 것을 구분하여 공부할 양을 줄여야 한다. 때문에 문제집은 과목별로 한 권, 많아야 두 권으로 충분하다. 간혹 출판사별로 전 과목 문제집을 다 사서 푸는 학생이 있는데, 효율적인 방식이라고 보기는 어렵다.

문제집을 사용하는 방식에 따라 아래와 같이 세 가지 공부 유형으로 나눌 수 있다.

### [유형 1] 출판사별 문제집 쓸어 담기 유형

문제집을 산더미처럼 쌓아놓고 푼다. 과목별, 유형별, 출판사별… 문제집을 종류별로 다 산다. 그리고 채점하면서, 쌓여가는 문제집을 보면서 흡족해 한다. 그리고 이렇게 생각한다.

"나, 공부 이만큼 했어."

### [유형 2] 난이도별 문제집 한두 권 유형

과목별로 문제집을 1~2권만 사는 유형이다. 한 권은 쉬운 문제, 한 권은 어려운 문제 위주로 담긴 것을 고른다. 내가 아는 문제와 모르는 문제를 꼭 확인한다. 모르는 부분은 교과서나 자습서, 기본서를 활용해서 보충한다. 그리고 이렇게 생각한다.

"나, 모르는 거 확실히 알게 됐어."

### [유형 3] 문제집은 기출로 충분해 유형

문제집을 좀처럼 사지 않는 학생도 있다. 개념서 한 권만 확실히 보고 문제는 기출문제 정도만 분석한다. 개념 위주로 공부하고 출제자의 입장이 되어 문제를 예상해본다. 그리고 이렇게 생각을 한다.

"내가 이 시험의 출제자라면 어떤 문제를 낼까?"

---

[유형 1] 출판사별 문제집 쓸어 담기 유형 → 문제집은 채점을 위한 것
[유형 2] 난이도별 문제집 한두 권 유형 → 문제집은 분석을 위한 것
[유형 3] 문제집은 기출로 충분해 유형 → 문제집 없이도 분석을 할 수 있음

---

아는 것과 모르는 것을 파악하는 능력을 인지 위의 인지, 메타인지라고 한다. 메타인지는 학업 성취에 결정적인 영향을 미친다. 공부 자존감을 키우는 핵심 요소이기도 하다. 공부를 잘하는 학생들은 공통적으로 메타인지가 높다. [유형 1]보다는 [유형 2]가, [유형 2]보다는 [유형 3]이 메타인지가 높은 아이들의 태도다. 많이 푼다고 공부가 되는 것은 아니다. 적게 풀더라도 문제를 분석하는 법을 알아야 한다. 나아가 출제자가 되어 문제를 만들어가는 능력을 키우면 더욱 좋다.

## 공부 자존감을 높이는 문제집 풀이법

대부분의 학생들이 문제집을 풀고, 채점하는 것을 공부라고 생각한다. 그런데 쌓여가는 문제집만큼 실력이 늘고 성적이 오르지 않는 까닭은 무엇일까? 문제집을 푼 양이 공부한 양은 아니기 때문이다. 즉 문제집을 풀었다고 해서 제대로 공부했다고는 볼 수 없다. 일차적으로 시간만 투자했을 뿐이다. 문제집에서 틀렸던 문제는, 다시 공부하지 않으면 또 틀린다. 문제집도 제대로 풀어야 남는 게 있다.

| 공부 전 단계 | 공부 단계 |
| --- | --- |
| - 풀이 & 채점<br>- 아는 것과 모르는 것을 확인한다. | - 오답 분석 & 오답 교정<br>- 모르는 것을 공부해서 지식으로 저장한다. |

채점하고 풀이를 확인하는 것은, 아는 것과 모르는 것을 확인하는 과정이지 공부는 아니다. 공부란, 모르는 것을 알아가는 과정이다. 한 번 틀린 문제를 다시 안 틀리기 위한 것이다. 따라서 오답을 분석하고 교정을 하는 단계가 진짜 공부라고 할 수 있다.

대부분의 학생들은 공부 전 단계까지만 하고 진짜 공부를 안 한다. 채점까지 하고 오답 분석은 안 한다. 맞힌 문제는 다음에도 또 맞지만, 틀린 문제는 또 틀린다. 열심히 푸는 데도 성적이 제자리일 수밖에 없다.

## 채점 방식을 바꾼다

틀린 문제를 다시 안 보는 가장 큰 이유는 채점 방식에 있다. 틀렸다는 표시는 보기 싫은 게 당연하다. 백점 맞은 시험지가 아니면 다시는 안 보고 싶은 게 사람의 심리다.

이때는 틀린 문제라도 기분 좋게 볼 수 있는 방법을 생각해내면 된다. 여러 가지 방법이 있겠지만, 나는 틀린 문제에 기분 좋은 표시를 남기는 방법을 사용한다. 사선을 긋는 대신 별표나 하트를 그려놓는다. 모양은 어떤 것이든 상관없다. 다시 보고 싶은 마음을 불러일으키는 표시라면 뭐든 괜찮다.

## 문제 풀이와 오답 분석은 한 세트!

풀이와 채점은 공부 전 단계이고 오답을 분석하고 교정하는 게 본격적인 공부다. 본격적인 공부 단계를 몰아서 하려고 하면 나중에도 안 하게 된다. 풀이부터 오답 교정까지 한 호흡으로 하는 게 좋다. 따라서 너무 많은 문제를 풀기보다는 채점 후 오답 분석까지 한 번에 할 수 있는 만큼 문제를 푸는 게 좋다.

문제집 사느라 돈 들이고, 푸느라 애썼는데도 성과가 없다면 아이는 좌절한다. 지금부터는 똑똑하게 선택하고 똑소리 나게 분석하는 법을 가르쳐주자. 노력한 만큼 성과가 나와야 아이도 공부하는 게 즐겁다.

## 자존감을 키워주는 쉬운 글쓰기

중국 송나라의 문장가 구양수는 글을 잘 쓰기 위해서는 다독, 다작, 다상을 해야 한다고 말했다. 즉 많이 읽고, 많이 쓰고, 많이 생각해야 문장가가 된다는 말이다. 그런데 아이들은 이 세 가지 모두 싫어한다. 책 읽기도 싫고, 글쓰기는 더 싫고, 생각은 안 하려 한다. 말하기 좋아하고 움직이기 좋아하는 아이들의 특성상 어려울 수밖에 없다. 사실 다독, 다작, 다상은 어른에게도 어렵지 않은가.

따라서 초등학생에게는 그들에게 맞는 방법이 필요하다. 다독, 다작, 다상 대신 다낭독, 다변, 다필사를 실천해보자.

**첫째, 소리 내어 읽기를 많이 한다(다낭독).**

글자를 배우는 유아기 때의 아이들은 글자를 소리 내어 읽는다. 그러다가 읽기가 유창해지면 눈으로만 글을 읽게 된다. 낭독에서 묵독으로 넘어가면 읽는 속도가 현저히 빨라지기 때문에 짧은 시간 안에

많은 정보를 얻을 수 있으니 공부할 때는 묵독을 선호한다. 그러나 낭독을 하면 눈만이 아닌 입과 귀, 오감을 자극하기 때문에 책 읽기에 대한 지루함을 덜 수 있다. 에너지가 많은 초등학생들은 낭독을 통해 에너지를 분출할 수 있으며 기억력과 집중력을 높일 수 있다.

### 둘째, 생각을 말로 표현한다(다변).

말하기를 통해 모호한 생각을 명확하게 정리할 수 있다. 말할 때는 들어주는 사람이 옆에 있다 보니 글을 쓸 때보다 집중도가 높아진다.

### 셋째, 베껴 쓰기를 연습한다(다필사).

창조는 모방에서 나온다. 잘 쓴 글을 따라 쓰는 필사를 통해 글쓰기를 모델링 할 수 있다. 위대한 작가의 글을 따라 쓰다 보면, 글 속의 생각을 배우면서 사고력도 좋아진다. 단 초등학생들에게 필사를 가르칠 때는, 각 학년에 맞게 지도해야 한다.

1~2학년 때는 그림책을 필사한다. 한창 글씨를 배워가는 저학년 시기에 필사는 좋은 글씨 쓰기 연습도 된다. 글밥 적은 그림책의 마음에 드는 장면을 따라 쓰게 하는 것도 좋다.

3~4학년 때는 5줄 필사 노트를 이용해보자. 3학년 때부터는 유필력이 꽤 생긴다. 5줄 정도면 어렵지 않게 필사할 수 있다. 5~7줄의 일정 분량을 채우는 것을 목표로 하고 동화책, 그림책, 과학책, 소설책 등 장르를 바꿔가며 필사한다.

5~6학년 때라면 사설을 필사하거나 좋은 글 모음집을 만들어 봐도 좋다. 이때부터는 필사할 글의 종류를 아이가 선택하게끔 한다. 좋아하는 책 한 권을 계속 따라 써도 좋고, 책 속의 구절을 발췌해서 써도 좋다.

위 세 가지 방법 중에서 가장 중요한 것을 꼽으라면 단연 필사다. 많이 베껴 쓸수록 글의 수준이 올라가고, 맞춤법도 저절로 교정되며 어휘도 세련되고 풍부해진다. 초등학교 때부터 습관으로 잡아두면 좋다.

### 한 줄도 못 쓰겠다는 학생들은 어떻게?

"한 줄도 못 쓰겠어요."

쓰기에 대한 공포심을 갖고 있는 학생들도 있다. 심리에 따라 두 가지 유형으로 나눌 수 있는데 첫 번째는, 빈 종이에 대한 공포가 있는 경우이고 두 번째는, 평가에 대한 두려움을 갖고 있는 경우다.

#### 빈 종이에 대한 공포심은 쓰기 역량 부족에서 나온다

독서 경험이 적은 학생에게서 두드러지게 나타나는 두려움이다. 독해력을 비롯한 국어 이해력이 전반적으로 떨어진다. 일상생활에서 문제될 것은 없지만 학습에서 어려움이 나타날 수 있다. 문제 자체를 이해하지 못하다 보니 국어뿐 아니라 타 교과의 학업성취도에도 영향을 미친다. 아이의 자신감을 키우고 나아가 자존감을 높이기 위해서라도 쓰기 역량을 키워주어야 한다. 억지로 글을 써보라고 하는 대신 필사를 이용해보자. 필사를 하면서 흰 종이를 까맣게 채우는 과정을 경험하면 빈 종이에 대한 공포를 떨칠 수 있다.

### 평가에 대한 두려움을 갖고 있는 아이는 자기표현이 어려운 아이다

이런 타입이라면 글쓰기뿐 아니라 말하기도 어려워한다. 성격 때문일 수도 있겠지만, 그 본질을 들여다보면 두려움이 자리하고 있다. 남을 의식하고 다른 사람이 나를 어떻게 볼지에 신경 쓰다 보니, 정작 자기가 하고 싶은 말을 꺼내지 못하고 남들이 원하는 대로 말하려 한다. 다른 사람이 어떤 답을 원할까 고민하고, 그 정답에 자신의 생각을 맞추려 한다.

이러한 문제를 해결하기 위해서는 아이의 자존감을 높여주어야 한다. 어렵더라도 자신만의 생각을 자꾸 표현하게 해서 그 과정을 통해 자신만의 가치를 깨달을 수 있도록 도와줘야 한다. 물론 상대방의 니즈에만 맞추어왔던 아이라면 자신이 원하는 게 무엇인지 잘 모를 수도 있다. 그럴 때는 글쓰기로 자기표현을 해보는 게 도움이 된다. 자신의 이야기를 써내려가는 에세이부터 시작하는 게 좋다.

국어 교육과정에서, 초등학생들이 가장 싫어하는 파트가 바로 '쓰기'다. 말하기와 듣기, 읽기는 그나마 낫다. 쓰기를 가장 힘들어한다.

**일단, 제목 짓기가 어렵다.**

글의 첫 줄은 보통 제목이다. 아이들은 내용을 함축해서 표현하는 제목 짓기를 가장 어려워하는데, 글쓰기가 제목부터 시작되니 처음부터 막히는 것이다.

**개요 쓰기가 어렵다.**

개요 짜기가 글쓰기보다 어렵다는 게 문제다. 직관적인 아이들에게는 설계가 집짓기보다 어렵다.

**생각하기가 어렵다.**

어떤 주제에 대한 분명한 생각이 있으면 글을 통해 전하는 것이 쉬워진다. 하지만 초등학생은 아직 자신만의 뚜렷한 생각을 가지고 있지 않기에 글로 써내려가는 것도 어렵다.

특히 논리적인 체계를 세워야 하는 논설문의 경우, 개요 세우기가 필수이고 주제에 대한 뚜렷한 생각까지 있어야 하니 아이들에게는 부담스러울 수밖에 없다.

반면에 자신의 일상을 드러내는 에세이(생활문)의 경우에는, 주장하는 글에 비해 체계가 자유롭고 딱히 개요를 세울 필요도 없다. 따라서 초등학생의 글쓰기 입문용이라면 에세이가 적절하다. 글쓰기를 어려워하는 아이라면 다음의 다섯 가지 지도방법을 참고하여 에세이 쓰기를 권해보자.

### ① 제목을 정해준다. → 글쓰기에 대한 자신감 상승

소재의 막막함은 글쓰기에 대한 자신감을 떨어뜨린다. 에세이는 무엇이든 소재로 사용할 수 있지만, 아무거나 쓰라고 하면 아이들은 아무것도 쓰지 못한다. 엄마가 제목 칸만이라도 채워주어야 한다. 그러고 나면 다음 줄부터 써내려가기가 훨씬 수월하다. 제목을 정해서 첫줄을 채워주는 것만으로 아이들의 글쓰기에 대한 부담감을 덜어줄 수 있다.

### ② 큰따옴표를 넣는다. → 생생한 글을 만든다.

큰따옴표를 사용해서 "내가 한 말"이나 "내가 들은 말(다른 사람이 내게 한 말)"을 넣어보게 지도한다. 큰따옴표를 사용하면 전체적으로 글에 생동감이 생긴다. 실제로 말소리가 들리는 듯한 느낌이 든다.

### ③ 작은따옴표를 넣는다. → 진솔한 글을 만든다.

작은따옴표를 사용해서 '나의 속마음'이나 '남의 속마음(예상 혹은 추측)'을 넣어보게끔 한다. 작은따옴표를 사용하면 글이 진솔해진다. 내 마음을 그대로 보여주게 되니 글에 솔직함이 묻어나온다. 또한 내가 짐작한 다른 사람의 생각을 넣어보면, 글의 내용이 더욱 흥미진진해진다.

④ 육하원칙에 따라 쓴다. → 사실적인 글을 만든다.

누가, 언제, 어디서, 무엇을, 어떻게, 왜에 따라 글을 쓰는 방법은 기사문뿐만 아니라 글쓰기 전반에 두루두루 활용해볼 만하다. 육하원칙대로 쓴 글은 사실적이고 이해하기도 쉽다. 상황 묘사도 뚜렷해지기 때문에 더 자세히 써보라는 잔소리를 안 해도 된다.

⑤ 미괄식으로 쓴다. → 고치기 쉬운 글을 만든다.

| 두괄식 | 주제나 중심문장을 글의 제일 앞, 첫 줄에 쓰는 구성 방식 |
| --- | --- |
| 미괄식 | 주제나 중심문장을 글의 가장 뒤, 마지막 줄에 쓰는 구성 방식 |

논설문처럼 논리가 분명한 글은 두괄식이 좋다. 하지만 에세이처럼 논리보다는 스토리로 끌고 가는 글이라면 미괄식이 좋다. 특히 초등학생용 글쓰기로는 미괄식을 추천하는데, 그 이유는 다음과 같다.

첫째, 경험부터 써내려가다 마지막에 생각을 넣는 방식이라면 뚜렷한 생각 없이도 일단 글을 시작할 수 있다. 쓰는 과정에서 의견이 떠오를 수 있고, 떠올랐다면 그 생각으로 글을 마무리할 수 있다.

둘째, 고치기가 쉽다. 미괄식으로 쓰면 생각이 바뀌었을 때도 마지막 줄만 바꾸면 된다. 두괄식은 첫줄부터 고쳐 써야 하기 때문에 어렵다.

셋째, 경험을 통해 스토리를 쭉 끌고 나간 뒤 마지막에 생각을 넣으면 마지막 줄 하나로도 감동과 여운을 남길 수 있다.

---

### 초등학생 에세이 지도법

1. 제목을 정해준다. → 글쓰기에 대한 자신감 상승
2. 큰따옴표를 넣는다. → 생생한 글을 만든다.
3. 작은따옴표를 넣는다 → 진솔한 글을 만든다.
4. 육하원칙에 따라 쓴다. → 사실적인 글을 만든다.
5. 미괄식으로 쓴다. → 고치기 쉬운 글을 만든다.

---

에세이는 논술에 비해 초등학생이 쉽게 쓸 수 있다. 초등학생들은 자기 이야기 하는 것을 좋아하기 때문에 에세이의 결과물이 다른 종류의 글보다 좋게 나오는 편이다. 글쓰기를 어려워하는 아이라면 에세이부터 시작해보자.

## 엄마, 내가 영재였으면 좋겠어

"엄마, 나 영재야?"

"음, 너 영재 아닌데? 왜? 영재 되고 싶어?"

"어. 나도 영재였으면 좋겠어."

"왜?"

"나도 똑똑하고 싶어서. 영재면 남들보다 높아 보이잖아. 공부 잘하면 좋고."

"공부 잘하면 좋아? 영재 되면 뭐가 좋은데?"

"공부 잘하면 나중에 좋은 대학 가고, 좋은 직장 가잖아."

"좋은 대학 가고 좋은 직장 가면 뭐가 좋은데?"

"음, 좋은 거 없어?"

"뭐가 좋을지 엄마는 잘 모르겠네. 어려운 지식을 어렸을 때부터 깨우치는 아이들이 영재야. 일곱 살 때 대학생용 문제를 푸는 것처럼. 근데 너도 대학생이 되면 풀 수 있는 거니까 굳이 일찍 못해도 괜찮아."

"그런 거야? 그럼 일찍 안 해도 되네? 영재도 딱히 좋은 것은 없구나!"

내색은 안 했지만 영재가 되고 싶다는 아이의 말에 나는 굉장히 놀랐다. 이제껏 아이에게 좋은 대학에 가야 한다는 말은커녕 공부 잘해야 한다는 소리도 해본 적이 없었기 때문이다. 교육과정에서 요구하는 기준에 맞게 뒤처지지 않도록 돕고는 있었지만, 딱 거기까지였다. 기대도, 압박도 보여준 적이 없었다.

그래서일까, 타고난 것일까, 기쁨이는 공부를 썩 잘하지는 못했다. 초등학교 1학년 때 친구들이 번개처럼 푸는 수학 익힘책을 마지막까지 낑낑대며 풀었고, 대부분의 학생들이 받는 독서 상장도 받지 못했다. 그러나 속도가 느렸을 뿐 방법을 몰라 못한 것은 아니었고, 나부터도 아이가 남들보다 꼭 잘해야 한다는 생각을 하지 않았기 때문에 다그치지 않았다.

그랬는데 커갈수록 아이는 괜찮지 않았던 모양이다. 3학년이 되니, 반에서 누가 공부를 잘하고 누가 똑똑한지 알게 되었고, 그만큼 잘하지 못하는 자신을 비교한 것 같았다.

뛰어난 재능을 타고난 아이들은 어릴 때부터 빛나며, 남다른 성취를 한다. 이러한 아이들은 소위 영재에 가까운데, 극히 소수다. 대부분의 아이들은 평범하다. 다수의 아이들이 소수를 부러워하는 것은 불행이다. 자기답게 살면 그것으로 충분한데 말이다. 잘하기 위해서 욕심을 내는 것은 좋지만, 열등감을 가질 필요는 없다. 그 차이점을 아이들에게도 알려줘야 한다.

자존감의 뿌리는 '남다름'이 아닌 '자기다움'에 있다. 자기다움을 깨닫는 만큼 자존감은 자란다. 어떤 분야에 탁월한 재능은 없더라도 누구에게나 고유한 자기다움은 있고, 그래서 모든 아이는 특별하다. 아이의 평범한 가능성을 귀하게 여겨주면, 아이 스스로 자신의 고유성을 깨달아갈 것이다.

6교시

# 초등 자존감 실전 교육

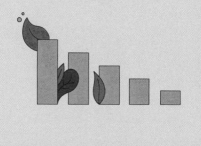

감정 해석하기

감정, 사고, 행동은 밀접하게 서로 연결되어 있다. 감정이 사고를 만들고, 사고가 감정을 통제하며, 사고와 감정이 행동을 결정한다. 지금부터는 이 세 가지 측면에서 초등 자존감 교육을 살펴보고자 한다.

## 공감에 능숙한 엄마는 왜 우냐고 묻지 않는다

### [초2 여학생의 사례]

> 풀잎이가 입술을 삐죽인다. 볼을 타고 눈물이 한 방울씩 떨어져 내린다. 친구들이 다가와 왜 우냐고 묻는다. 괜찮냐고 등을 토닥여준다. 그런데 풀잎이의 눈물은 그칠 줄 모른다. 오히려 울음소리는 더 커지고, 눈물은 폭포수처럼 쏟아진다.

친구들의 공감과 위로에도 불구하고 풀잎이는 울음을 그치지 못하고 더 울기만 한다. 왜 그럴까? 자신이 왜 우는지를 모르기 때문이다. 왜 우는지 모르는 상태에서, 친구들이 몰려와 다독여주니 계속 울어도 되는 것이라 생각한다. 지금 풀잎이에게 필요한 것은 감정의 공유가 아닌 감정의 해석이다. 같이 울어주는 친구도 위로가 되겠지만, 왜 우는지를 분별해주는 성인 보호자의 안내가 절실한 상황이다.

친구가 눈물 흘리며 슬퍼할 때 옆에서 같이 울어주는 사람이 친구다. 슬픔을 공유하고 혼자가 아니라고 느끼게 해주는 것이 바로 친구가 줄 수 있는 공감이다. 이렇듯 친구관계는 수평적이다.

반면 자녀와 부모, 교사와 학생의 관계는 수직적이다. 수직적 관계에서 보일 수 있는 공감은 '감정을 해석'해주는 것이다. 아이들은 울면서도 왜 우는 것인지를 잘 모른다. 그러다 보니 화가 났다, 서운하다, 속상하다, 슬프다고 표현하지 못하고 울기만 한다. 아이가 설명하지 못하는 감정을 어른이 찾아내서 이름을 붙여주어야 한다. 수직적 관계에서의 공감에 능숙한 엄마는 아이에게 왜 우냐고 묻지 않는다. 왜 울고 있는지 감정을 해석해준다.

| 수평적 관계에서의 공감 | 수직적 관계에서의 공감 |
| --- | --- |
| 감정의 공유<br>슬픔을 공유하고 혼자가 아니라고 느끼게 해주는 것 | 감정의 해석<br>평정심을 갖고 감정을 해석해주는 것 |

민주적 소통을 중요하게 생각하는 요즘에는 부모와 자녀의 수직적인 관계를 진부하고 고루한 것으로 취급한다. 그러나 부모와 아이의 수직적 관계 맺기는 중요하다. 아이들은 보호자의 성숙한 판단을 믿고 따라가는 것에서 안정감을 느낀다. 아이들은 다정한 선생님도 좋아하지만, 리더십 있는 교사를 더욱 신뢰한다. 삶에는 동반자만큼 안내자도 필요하다.

## 우는 아이에게 하지 말아야 할 것들

**첫째, 감정의 이유를 묻지 않는다.**

"너 왜 우니?"

"왜 그렇게 삐쳐 있어?"

아이의 감정을 이해하지 못할 때 우리는 아이에게 감정의 이유를 묻게 된다. 그러나 감정에 특별한 이유가 있을까? 슬프니까 슬픈 거다. 눈물이 나오니까 우는 거다. 감정은 수용해주어야 한다. 아이에게 우는 이유를 물을 게 아니라 이유를 찾아 주어야 한다.

**둘째, 감정의 타당성을 따지지 않는다.**

"뭘 잘했다고 울어?"

"그게 화낼 일이야?"

"네가 억울할 게 뭐 있어?"

울어도 되는 일과 울어서는 안 되는 일을 구분할 수 있을까? 타당한 슬픔도, 부당한 슬픔도 없다. 감정의 타당성을 묻지 말자.

**셋째, 슬퍼할 기회를 뺏지 않는다.**

"뚝 그쳐!"

"걸핏하면 울어. 그만 해! 울면 다 되는 줄 알아?"

우는 아이를 지켜보는 건 부모에게도 고통이다. 아이의 감정이 엄마에게 불편과 고통을 준다 하더라도 아이의 감정을 마비시키려고 하지 말아야 한다. 슬퍼할 기회를 빼앗아서는 안 된다.

"우는 건 좋아. 그런데 이 상태로는 대화가 힘드니까 다 울고 괜찮아지면 얘기하자."

감정을 인정해주는 부모 곁에서 아이의 자존감이 자란다.

**넷째, 감정의 기복에 혹독해지지 않는다.**

목 놓아 울다가 언제 그랬냐는 듯이 웃고 노는 게 아이들이다. 좋게 이야기하다가 갑자기 화를 내고 울음을 터뜨리기도 한다. 아이의 감정이 롤러코스터처럼 왔다갔다하니 그걸 지켜보는 엄마, 아빠는 당황스럽고 피곤하다.

그런데 감정의 기복이 큰 것은 아이들이기 때문이다. 아이들의 본성이 원래 그렇다. 아이 때 감정의 기복을 수용 받지 못하면, 성인이 돼서 감정을 억압한다. 미성숙한 사람으로 취급 받기 싫으니 차오르는 감성을 억누르는 것이다. 감정을 누르는 것은 자기를 누르는 것이다. 감정을 억누르면 무기력해지며 자존감이 낮아진다. 아이의 감정 오르막과 내리막을 받아들이자. 아이의 기분에 혹독해지지 말자.

### 우는 아이에게 해주어야 할 것들

**첫째, 평정심을 갖는다.**

"엄마, 바다가 나한테 잘난 척하지 말라면서 째려봐. 난 아무 말 안 했는데도 그래."

"참 나, 대체 왜 그래? 걔, 전에 우리 집에 놀러왔던 애지? 계속 못되게 말하던 걔잖아."

아이의 감정을 앞에 두고 엄마가 더 마음이 상하면, 아이의 마음을 다루어 줄 수 없다. 엄마가 감정을 누르고 평정심을 가져야 아이가 가진 감정의 무게를 덜어줄 수 있다.

**둘째, 감정을 해석해준다.**

눈물을 흘리는 이유는 다양하다. 눈물 속에 들어 있는 감정은 가지각색이다. 분노, 슬픔, 억울함, 황당함, 비참함, 참담함, 아픔, 짜증 등등 울음의 스펙트럼은 넓다. 아이는 자신의 감정의 색깔을 알지 못하니, 옆에서 부모가 해석해주어야 한다.

"엄마, 하늘이가 피구 하는데 나는 안 껴줘."

"어머, 그래? 속상했겠다."

"어, 나 정말 속상해. 걔가 다른 애들한테도 나 껴주지 말라고 했어."

"다른 친구한테도 그렇게 말했다고? 너무했다. 둘 사이의 일이면 둘이 해결해야지, 다른 친구들에게까지 연결시키면 너로서는 억울하고 황당하지."

"어. 나, 너무 황당했어. 그거 따돌린 거 아니야? 그러면 안 되는 거잖아."

감정을 해석해주면 아이는 그 감정을 다룰 수 있게 된다. 감정의 해석을 도와주면 아이는 자신의 감정을 알아차리고, 감정을 해결하는 방법을 찾아갈 수 있다.

**셋째, 감정을 말로 표현하게 한다.**

"속상해?"

(끄덕끄덕)

"친구한테 하지 말라고 얘기했어?"

(도리도리)

고개를 푹 숙인 채, 고갯짓만 하는 아이가 있다. 초등학생 아이가 말로 표현하지 않고 제스처만 한다면 어떻게 해야 할까? 감정을 해석하는 법은 엄마가 도와줘야 하지만, 감정을 표현하는 일은 아이가 직접해야 한다. 초등학생은 말 못하는 돌쟁이와는 다르다.

"말로 설명해줘. 고개를 끄덕이는 몸짓은 말과 함께하는 거야. 슬퍼서 말이 나오지 않는다면, 당장 하지 않아도 돼. 네 슬픔이 잠잠해질 때까지 기다릴게. 준비되면 이야기해줘.”

복받치는 감정을 이기고 말로 마음을 전할 수 있는 능력이 곧 자존감이다. 슬픔도, 억울함도 누르고 “네”, “아니오”, “싫어”, “좋아”라고 말할 수 있어야 한다. 감정은 그 사람을 나타내는 것이기에 소중하고, 그렇기 때문에 존중받아야 한다. 그러나 감정에 압도된 아이를 마냥 허용하는 것은 감정을 존중하는 것과는 다르다. 감정은 인정하되, 감정을 설명하고 컨트롤 할 수 있도록 가르쳐야 한다.

**넷째, 감정을 큰 목소리로 전하게끔 도와준다.**

아이가 울먹이며 말은 하는데, 도무지 알아듣지 못할 만큼 작은 소리로 말한다면 어떻게 해야 할까? 엄마라면 “좀 더 크게 말해봐.”라고 기회를 주지만, 친구들은 그렇지 않다. 안 들리면 그냥 안 듣고 만다. 소심한 아이일수록 개미만한 목소리로 말한다. 입은 달싹이는데 소리는 들리지 않으니 안타깝다.

크고 분명한 목소리로 표현하는 것도 자꾸 해봐야 할 수 있다. 학교에서 하는 발표 연습도 말하기 훈련의 일환이다. 훈련해야 목소리가 커진다. 처음부터 크고 또렷하게 말할 수 있는 아이는 별로 없다. 만약 엄마 앞에서도 목소리가 작다면, 친구 앞에서는 더 작게 말할 것이다. 가정에서 부모가 말하기 연습을 도와주어야 한다.

| 초등 자존감 실전 교육(감정편) | |
|---|---|
| 부모가 하지 말아야 할 네 가지 | 부모가 해주어야 할 네 가지 |
| 1. 감정의 이유를 묻지 않는다. | 1. 평정심을 갖는다. |
| 2. 감정의 타당성을 따지지 않는다. | 2. 감정을 해석해준다. |
| 3. 슬퍼할 기회를 빼앗지 않는다. | 3. 감정을 말로 표현하게 한다. |
| 4. 감정의 기복에 혹독해지지 않는다. | 4. 감정을 큰 목소리로 전하게끔 도와준다. |

자존감이 높은 아이들은 공통적으로 공감을 잘한다. 말해주지 않아도 상대방의 속마음을 헤아릴 줄 아니 대인관계가 좋을 수밖에 없다. 공감능력은 선천적으로 타고나는 것이 아니라 후천적으로 길러진다. 감정을 해석해주는 부모의 공감을 통해 타인의 마음에 공감할 줄 아는 자존감 높은 아이로 자랄 수 있다.

사고 분별하기

"너 이제 내 친구 아니야!"

"너랑 친구 안 해!"

아이들끼리 잘 놀다가도 틀어질 때면 이런 소리 꼭 나온다. 아이들은 사고의 유연성이 떨어지기에 양 극단을 전부라 여긴다. 이러한 경향은 초등학교 저학년일수록 심하고, 고학년으로 갈수록 차츰 나아진다. 종합적 사고를 담당하는 전두엽이 발달하면서 극단적인 사고도 차츰 균형을 잡아가는데, 전두엽이 완성되기 전까지는 엄마가 사고의 균형을 잡아주는 게 필요하다. 초등 자존감 교육 실전편 두 번째는, 바로 아이의 사고를 분별해주는 것이다.

## 저학년의 경우

① 문제와 존재

"내 거 왜 봐? 왜 컨닝해? 진짜 나쁜 애네."

친구가 컨닝하는 것을 목격했다고 해보자. 아이들은 컨닝한 문제를 친구 존재와 연결시켜서, 친구 자체가 나쁜 것으로 생각한다. 잘못된 행동을 했다고 해서 잘못된 사람이 되는 것은 아니다. 문제는 문제로 한정하고, 존재로 확대시키지 않도록 해야 한다. 위의 경우에는 "컨닝하지 마."라는 한마디면 충분하다.

누구에게나 좋은 면과 안 좋은 면이 있다. 좋은 면만 가진 완벽한 사람도, 나쁘기만 한 사람도 없다. 친구의 단점이나 나와 다른 면을 수용하고, 이면에 감추어진 좋은 점도 발견할 수 있도록 이끌어주자.

## ② 친구와 적

"우리 단짝하자." (단짝 제안)

"너랑 이제 절교야." (절교 선언)

"너 이슬이랑 절교해!" (절교 지시)

"앞으로 이슬이랑 놀지 마, 이슬이랑 놀면 나랑 절교야." (절교 협박)

단짝 하자고 할 때는 언제고, 절교 선언을 한다. 그것도 모자라 절교를 시키고, 내 말을 듣지 않으면 절교하겠다는 협박까지 한다. 단짝 아니면 절교, 친구 아니면 적이라는 식의 이분법적 사고는 저학년에게서 흔히 볼 수 있다. 좀 가까워진다 싶으면 단짝이라고 했다가, 좀 틀어진다 싶으면 바로 절교하며 적개심을 품는다. 싫고 좋음 사이의 중간이 없다.

단짝만이 친구인 것은 아니다. 나와 마음이 맞아도 친구고, 잘 맞지 않더라도 친구다. 밀착된 관계가 아니라도 친구가 될 수 있다. 친구와 적 사이에 수많은 관계가 있음을 알려주고, 그 관계에도 친구라는 이름을 붙일 수 있다는 것을 일깨워주자.

## 고학년의 경우

### ① 생각과 태도

추석 연휴를 보내고 난 후의 어느 날, 한 남학생이 내게 말했다.

"선생님, 왜 체육 수업 안 하세요?"

나는 당황했다. 비가 와서 운동장에 못 나가는 날이면 교실에서라도 체육 수업을 했기 때문이다.

"그게 무슨 말이야? 체육 수업을 안 하다니? 내가 언제 체육 수업을 안 했지?"

추석 연휴에 안 했단다. 두 번씩이나.

재량 휴일을 보내고 학교에 오면, 꼭 빠진 수업을 하자는 학생들이 나온다. 재미있는 것은 국어나 수학 수업을 채워서 하자는 학생은 없다. 꼭 체육 수업만 하자고 한다.

초등학생들은 아직 주장에 대한 근거가 빈약하다. 얼토당토않는 이유를 대고 억지를 부리기도 한다. 그럴 때 모든 주장을 받아들일 필요는 없지만 일단 인정은 해주어야 한다. 이렇게 한마디만 하면 된다.

"응, 네 생각은 알겠어."

그런 다음 이유를 설명해주고 태도를 교정해준다.

 **생각과 태도를 분별하는 법**

[1단계] 생각은 인정해준다.

"네 생각은 알겠어. 체육이 하고 싶다는 거잖아."

[2단계] 수용할 수 없는 이유를 설명한다.

"하지만 법정 시수를 지켜야 해서 체육만 더 할 수는 없어."

[3단계] 합리적인 대안을 제시한다(대안이 없을 경우 3단계는 생략 가능).

"내일 할 체육 수업을 오늘로 바꾸는 건 가능해. 오늘은 날씨도 좋으니까."

[4단계] 무례한 태도는 교정해준다.

"그런데 솔직히 선생님 기분이 좋지는 않아. 네 태도가 따지는 거 같았거든. 그런 태도는 고쳐나가야 해."

어떤 생각이라도 표현하는 것을 막지는 말자. 태도와 말투는 생각과는 별개로 고쳐나가면 된다. 싫은 건 싫다고 말하는 당당한 아이가되길 바란다면, 생각은 살리고 태도를 고치자.

② 피해 의식과 피해 사실

"선생님, 친구가 저한테 욕했어요. 꺼지라고 했어요."

"저, 욕 안 했어요. 그냥 가라고만 했어요."

저리 가라는 것과 꺼지라는 것, 둘 다 배제시키고자 하는 의도를 포함

하고 있지만 뉘앙스는 다르다. 꺼지라는 쪽이 훨씬 강한 배제를 담고 있고, 상대방에게 모멸감을 준다. 그런데 상대방이 꺼지라는 말을 안 했는데도 그렇게 했다고 오해하는 아이들이 있다. 가라는 말만 들었을 뿐인데 마치 꺼지라는 말을 들은 것처럼 피해 의식에 사로잡혀 있는 것이다.

피해 의식은 왜 생길까? 원인은 다양하지만, 기본적으로 자존감이 낮은 아이들일 경우에 그러한 경향이 보인다. 스스로 자신의 가치를 인정하지 못한 상태이기 때문에 쉽게 상대방이 자신을 무시했다고 여기며 상황을 왜곡한다.

피해 의식이 있는 경우에, 가장 힘든 사람은 자신이다. 더불어 상대방도 억울하게 만든다. 실제로 꺼지라는 말을 했다면 사과라도 할 수 있다. 그런데 그런 말을 한 적이 없다면 사과도 할 수 없다.

중재자 입장에서는 아이들의 마음을 다독이는 동시에 오해 상황까지 밝혀내야 하니 해결이 어렵다. 실제로 일어난 사실에 집중하면서 세심하게 감정을 읽어주는 과정이 병행되어야 한다.

"꺼지라는 말과 가라는 말은 뉘앙스가 다른데, 한 명은 꺼지라는 말을 들었다고 하고 또 다른 한 명은 안 했다고 하니 누가 맞는지 가려줄 수가 없구나. 어쨌든 두 사람의 말이 다르니 짐작컨대, 친구의 야박한 태도가 그런 식으로 느껴졌을 수도 있을 것 같아. 같이 놀자고 했는데 매몰차게 거절하니 마음이 상하고, 그러다 보니까 꺼지라는 말을 들은 것처럼 느꼈을 수도 있지."

한쪽으로 치우친 태도를 보이는 대신, 사실은 사실대로 구분해주고 감정은 감정대로 공감해준다면 피해 의식도 분리해낼 수 있다.

### 모든 초등학생의 경우

#### ① 일부와 전부

"받아쓰기 시험에서 50점 받았어. 미리 연습했는데도 이래. 나는 뭘 해도 안 되나 봐."

"풀잎이가 나랑 안 논대. 친구들이 다 나를 싫어하나 봐."

원하는 점수를 받지 못한 한 가지 사건을 가지고, 뭐든지 해도 안된다고 확대 해석하거나 한 친구에게서 거절당한 경험을, 모든 친구가 거절했다고 여기는 경우가 있다. 이처럼 초등학생 때는 일부와 전체를 구분하지 못하고 성급하게 일반화시키는 일이 흔하다. 부모가 나서서 둘의 차이점을 구분해주어야 한다.

"한 친구가 너랑 안 논다고 한 거지, 모든 친구들이 너를 싫어하는 것은 아니야."

#### ② 감정과 행동

"(의자를 발로 차며) 하늘이, 너 저리 가. 나가."

화가 난다, 속상하다, 기분이 나쁘다와 같은 느낌은 감정이다. 물건 던지기, 책상 밀기 등은 감정이 상해서 나온 행동이다. 모든 감정은 존중받을 필요가 있지만 그렇다고 해서 그로 인한 행동까지 모두 정당화

되는 것은 아니다. 감정에는 공감하되 행동은 제한해줄 필요가 있다.

"네가 화난 건 알겠어. 하지만 의자를 발로 차는 것은 안 돼."

## 부모의 경우

### ① 부정적 가능성과 긍정적 가능성

학교 폭력과 관련된 끔찍한 뉴스가 나오면 엄마는 내 아이에게도 그런 일이 일어날 수 있다는 상상에 불안해진다. 물론 무조건 안심할 수도 없지만, 지나치게 부정적인 가능성에 무게를 두는 것도 주의해야 한다. 나쁜 상황이 생길 수도 있지만 좋은 상황도 일어날 수 있다. 부정적 상상으로 두려워하는 만큼 긍정적인 미래를 꿈꿔야 한다.

이유 없는 희망을 갖기 어렵다면, 근거 없는 두려움도 갖지 말아야 한다. 불안해하는 것도 습관이다. 미래가 불안하고 스트레스를 받는 만큼, 아이에게 좋은 일이 생길 것이라는 기대감을 가져서 사고의 균형을 맞춰야 한다.

### ② 훈육과 비난

"양말 아무 데나 벗어 놓지 말라고 몇 번을 말해?"

아이들은 같은 잘못을 반복하면서도 무엇을 잘못했는지 잘 모른다. 훈육이란 뭘 잘못했는지 짚어주고 변화를 이끌어내는 과정이다. 부정적인 감정을 쏟아내는 것으로 아이를 변화시킬 수는 없다. 상한 감정을 실어서 훈육을 하면 아이에게는 엄마가 화났다는 사실만 남는다. 중요한 것은, 왜 엄마가 화났는지 그 이유를 아는 것인데 아이들의 생각은 거기까지 미치지 못한다.

아이가 자신이 왜 혼났는지 알지 못한다면, 엄마의 태도가 훈육이 아니라 비난에 가까운 것은 아닌지 점검해봐야 한다. 화난 감정이 앞서면 훈육은 목적을 잃는다. 문제 행동에 대해 감정을 앞세우는 대신, 이성적으로 설명하고 가르쳐주어야 한다. 단호한 훈육은, 근엄한 말투가 아니라 감정에 흔들리지 않는 태도에서 나온다.

"양말 어디에 넣어야 하지?"

"아 맞다. 빨래통. 깜빡했어요."

"어제도 깜빡한 거 알지? 벗으면 바로 빨래통에 넣는 거야. 기억해."

| 초등 자존감 실전 교육(사고편) | | | |
|---|---|---|---|
| 저학년 | 고학년 | 학년공통 | 부모 |
| 문제 vs 존재<br>친구 vs 적 | 생각 vs 태도<br>피해 의식 vs 피해 사실 | 일부 vs 전부<br>감정 vs 행동 | 부정적 가능성<br>vs 긍정적 가능성<br>훈육 vs 비난 |

## 행동 통제하기

아이를 키우며 균형을 잡기란 참 어렵다. 아이에게 맡기자니 방관 같고, 조언을 해주자니 참견 같다. 그냥 두자니 아이에게 무관심한 것 같고, 개입하자니 예민한 엄마 같다. 아이의 자유를 인정해주면 제멋대로 굴 것 같고, 통제하면 의존적이 될 것 같다. 아이의 삶이니 본인이 스스로 결정해야 한다는 생각과 미성숙한 아이에게 맡기기보다 부모가 대신 선택해서 끌고 가는 게 맞다는 생각 사이에서 갈피를 잡기 어렵다. 어느 쪽이 옳은지 엄마는 늘 고민이다. 그런데 여기에 대한 답은 의외로 아이가 가지고 있는 경우가 많다.

### 선택의 기회를 준다

**[1단계] 의견을 묻는다.**

아이의 행동에도 나름의 이유가 있다. 이치에 맞지 않는다 하더라도, 말할 기회는 주어야 한다. 의견을 묻고 들어보기는 해야 한다.

"네가 학원을 다니기 싫다고 하는 데는 이유가 있을 거야. 한번 이야기해보렴."

"네가 아무 이유 없이 친구한테 욕을 했다고는 생각하지 않아. 네 나름의 이유가 있었을 거라고 생각해. 한번 얘기해볼래?"

**[2단계] 안전한 선택지를 제시한다.**

아이가 자신의 생각을 말했다면, 이제는 어떻게 해야 할까? 예상되는 결과를 알려주고, 최선의 선택지 쪽으로 안내해야 한다. 어떤 것을 선택해도 좋은 결과로 이어질 수 있도록 안전한 선택지를 제시해주어야 아이가 좌절감을 덜 경험할 수 있다.

"네가 먼저 친구에게 사과하면 좋겠어. 친구도 잘못을 했지만, 네 잘못도 있으니까. 직접 말하기 어렵다면 편지를 쓰는 것도 좋아."

주의점: "네 마음대로 해!"가 아니다.

네 마음대로 하라는 건 존중이 아니라 방임이다. 선택의 기회를 주는 것이 방임으로 이어져서는 안 된다. 한계를 정해주고 그 안에서 자율성을 발휘하도록 독려해야 한다. 제한이나 한계가 없는 상황에서 아이들은 오히려 불안해한다. 마음대로 하라고 하면 '뭘 어쩌라는 거지?' 하고 불안해하면서 움직이지 못한다.

"여기까지가 울타리야. 울타리 안에서는 괜찮아. 선 밖으로만 나가지 마.”

이렇게 한계를 분명히 정해줄 때 아이들은 그 안에서 마음껏 뛰어놀 수 있다. 초등 저학년이라면 울타리를 좀 더 촘촘하게 설정해야 하고, 고학년으로 갈수록 점점 제한의 폭을 줄이고 자율을 늘려가는 게 이상적이다.

**[3단계] 선택과 결정은 아이에게 맡긴다.**

엄마가 시키는 대로 한 아이는 결과에 대한 책임도 지지 않는다. “엄마가 시키는 대로 해서 이렇게 됐잖아. 책임져!”라고 엄마에게 책임을 떠넘길 수 있다. 결정과 함께 결과에 대한 책임까지 떠안아야 하니 엄마는 더 바빠진다. 자기 삶을 책임져주기를 바라는 아이 역시 행복하지 않다. 아이에게 선택과 결정을 맡기면 책임도 미루지 않는다. 선택에는 책임이 따른다는 사실을 깨닫게 되고 책임의 무게를 느끼면서 선택에 더 신중해진다.

부모의 역할은 합리적인 선택지를 제시하는 것까지다. 선택과 결정은 아이에게 맡겨야 한다. 엄마, 아빠는 조언자일 뿐, 결정은 아이가 하도록 한다. 최종 결정권은 아이에게 넘기고, 어떤 결정을 하던 존중해주자.

“이건 엄마 생각이고, 선택은 네가 하는 거야. 어떤 선택을 하던 너의 결정을 존중한다.”

주의점: "네가 다 알아서 해!"가 아니다.

아이를 믿고, 아이에게 결정을 맡긴다고 해서 "네가 다 알아서 해!"라고 밀어내서는 안 된다. 초등학령기 아이들은 다 알아서 할 능력이 없다.

인생에 영향을 주는 중대한 결정을 아이에게 맡겨서도 안 된다. 옳은 방향으로 현명히 이끌어주는 것이 부모가 할 일이다. 아이에게 선택과 결정을 맡기는 것은 소소한 일에 한해서다. 초등학교 때부터 사소한 결정을 내려 보게 하고, 자랄수록 점차 그 범위를 늘려가야 한다. 만약 결정을 내리지 못하고 갈팡질팡 머뭇거린다면 명쾌한 조언으로 신속히 결정할 수 있도록 이끄는 역할도 할 필요가 있다.

## 스스로 통제하게 한다

[초5 남학생의 사례] 주말, 온종일 컴퓨터 게임 삼매경이다.

> "언제까지 게임 할래? 눈 나빠져. 학생이 책도 읽고 해야지. 게임만 할 거야? 어서 안 꺼?"

이때, 아이가 곧장 게임을 멈추지 않는다면 어떻게 해야 할까? 엄마가 컴퓨터 전원을 꺼야 할까? 그렇게 한다면, 엄마의 통제 앞에서 아이는 무력해지고 말 것이다. 야단맞았기 때문에 아이의 자존감이 떨어지는 게 아니다. 아이를 무가치하고 무력하게 만드는 것은 게임을 멈추는 것에 대한 통제력을 상실했다는 느낌이다. 사람은 자신의 삶을 스스로 통제할 수 있을 때 스스로를 가치 있는 존재로 인식한다. 학령기 때부터 아이는 자신의 행동을 스스로 통제해 나가야 하고, 그렇게 할 만한 능력도 있다.

아이의 행동이 옳지 않다면 대화로 가르치고 설득해서 타협을 이끌어내야 한다. 하루 종일 게임 하는 아이도 나쁘지만, 강압적으로 막는 부모도 똑같이 나쁘다.

> "계속 게임만 할 수는 없잖아, 네 손으로 직접 꺼. 5분 내로 가능해?"
> "아니, 10분이요. 10분이면 끝나요."
> "좋아, 그럼 10분."
> "자! 이제 5분 남았어."
> "1분 전이야. 끌 준비 해."
> "자, 이제 10초 전, 카운트 다운한다! 10, 9, 8…."

여러 번 알려주고 확인시켜서 아이가 스스로 전원을 끄도록 이끌어야 한다. 부모의 통제에 끌려오는 것이 아니라, 스스로 통제하도록 해야 한다.

### 개선할 기회를 준다

초임 교사시절, 학급에서 3진 아웃 제도를 실시한 적이 있다. 똑같은 잘못에 대해서 3번까지는 봐주되 그 이후로는 상담을 진행하고 명심보감을 쓰기로 아이들과 약속했다. 잘못을 만회할 기회를 준 것은 좋았다. 그런데 기회를 줬는데도 행동 교정이 되지 않은 아이가 있다는 게 문제였다. 교사인 내게도, 주변 친구들에게도 실망감을 안겨주었지만, 무엇보다도 아이가 스스로 자괴감에 빠졌다.

의도와는 다르게 "기회를 줬는데도 왜 제자리야?"라는 비난과 공격을 할 수 있는 근거가 되고 말았다.

개선의 기회는 몇 번을 주는 게 가장 좋을까? 많으면 많을수록 좋고, 할 수만 있다면 무한히 주는 게 가장 좋다고 생각한다. 행동 수정이 빠른 아이도 있고, 더딘 아이도 있기 때문이다.

아이가 언제 변할지 알 수만 있다면 훈육을 하는 게 얼마나 쉬울까? 그러니 조바심은 나겠지만 아이를 채근하고 재촉해서는 안 된다. 지켜보는 게 답답하다고 억지로 알을 깨서는 안 된다. 무한한 기회를 준다면, 아이가 스스로 깨닫고 변화할 날이 반드시 온다는 걸 믿어야 한다.

**자기를 해하거나 남에게 피해를 주는 일이 아니라면 다 괜찮다**

"선생님, 물 먹고 와도 돼요?"
"더운데 선풍기 틀어도 돼요?"
"사인펜으로 색칠해도 돼요?"
초등학교 저학년뿐 아니라 고학년이 되어서도 일상의 행동에 대해 교사의 허락을 구하러 오는 아이가 있다. 스스로 판단할 수 있을 법한 일에도 "해도 돼요?"라고 확인하려는 데는 3가지 이유가 있다. 불안해서, 혼날까봐, 평판이 신경 쓰여서.

첫째, 자신의 행동에 대한 확신이 없을 때 허락을 통해 안정감을 찾으려 한다. 불안이 높은 아이들일수록 사소한 것까지 허락을 받으려고 한다.

둘째, 야단맞을까 봐서다. 아이들은 혼나지 않는다는 확신이 들어야 자율성을 발휘할 수 있다.

셋째, 평판에 대한 의식 때문이다. 아이를 평가하는 사람이 주변에 많다 보니, 이렇게 하면 예의 없다고 하고, 저렇게 하면 배려심이 부족하다는 말을 수시로 듣는다. 그러한 상황에 자주 노출되면 아이는 자신의 행동에 대한 평가를 두려워하고 그래서 사전에 허락을 구해서 안 좋은 평판을 피하려고 한다.

불안, 꾸중, 평판에 대한 두려움은 아이를 수동적으로 만든다. 자존감은 자율적으로 움직이는 힘이다.

아이의 모든 행동을 결정하고 판단할 권리는 교사에게도, 부모에게도 없다. 삶의 주인은 아이다. 자기를 해하거나, 남에게 피해를 주는 일이 아니라면 다 괜찮다.

"선생님, 물 먹고 와도 돼요?"

"안 되는 게 어딨나요? 다 됩니다."

## 초등 자존감 실전 교육(행동편)

1. 선택의 기회를 준다.
2. 스스로 통제하게 한다.
3. 개선할 기회를 준다.
4. 자기를 해하거나 남에게 피해를 주는 일이 아니라면 다 괜찮다.

"안 해요.", "못해요."라고 물러서는 아이가 될지, "한번 해볼래요", "할 수 있어요."라고 시도하는 아이가 될지는 초등 자존감 교육을 어떻게 실천할지에 달려 있다. 아이에게 선택권을 주면 제멋대로 행동할 것 같지만 절대 그렇지 않다. 통제가 아닌 믿음을 보여줄 때 아이는 스스로를 통제하기 시작하며, 믿어주는 부모를 실망시키지 않기 위해 애를 쓴다. 아이에게 친절한 안내자가 되어, 선택할 기회를 주고 결정을 맡기자. 아이도 스스로 고민해서 결정 내리는 과정을 경험해봐야 한다. 삶을 움직이는 힘이 자신에게 있다는 것을 깨달을 때 아이의 자존감은 자란다.

## 3가지 지침, 실생활 적용하기

**[초5 남학생의 사례] 핸드폰을 잃어버린 상황**

산만한 성향의 아들은 물건을 아무 데나 두는 게 습관이다. 학용품부터 우산, 교과서, 옷까지 흘리고 다니는데 아무리 가르치고 타일러도 안 고쳐진다. 이번에는 핸드폰을 잃어버리고 왔다. 그런데 자초지종을 묻는 엄마에게 도리어 소리를 지르고 화를 낸다.

"모르겠어요. 놀이터 벤치에 뒀는데 없어요. 놀다가 없어진 거예요. 분명히 벤치에 뒀다고요. 찾아봐도 없는데 진짜 어쩌라고요! 엉엉엉."

"뭘 잘했다고 울어? 핸드폰 못 찾으면 엄마가 위약금 물어야 해. 화를 내도 엄마가 내야지, 네가 화낼 일이니?"

"엉엉엉, 난 왜 이 모양일까? 핸드폰 어떻게 해요. 내가 한심해요."

매번 대신 챙겨줄 수도 없는데 물건 잃어버리는 습관이 고쳐지지 않는 아이를 보면 답답하다. 커서 자기 앞가림이나 제대로 할 수 있을지 걱정스럽다.

"제대로 간수하지도 못하면서 무슨 핸드폰이야? 그냥 없이 살아!
너도 좀 불편하게 지내보고, 반성해야 해."

**첫째, 감정 해석하기**

"뭘 잘했다고 울어?"

"네가 화낼 일이니?"

| 평정심을 갖고 감정을 해석한다. |
|:---:|

"핸드폰 잃어버린 게 너무 속상하니까 눈물이 나는 거야.
자꾸 부주의한 너 자신에게 화가 나는 거고.
엄마한테 화를 냈지만, 사실 너 자신에게 화가 난 거지."

**둘째, 사고 분별하기**

| 생각과 태도를 구분해준다. |
|:---:|

**[1단계] 생각을 인정**
"네 나름대로 주의를 했는데 잃어버렸으니 속상할 거야. 그건 알겠어."
**[2단계] 수용할 수 없는 이유를 설명**
"하지만 엄마에게 소리 지르는 건 받아줄 수 없어.
핸드폰을 잃어버려서 속이 상하겠지만, 위약금을 내야 하는 건 엄마야."
**[3단계] 무례한 태도는 교정**
"네가 엄마한테 화풀이 하는 것 같아서 기분이 안 좋아.
엄마도 마음이 상한다는 걸 알아야 해."

. . . . . . . . . . . .

"난 왜 이 모양일까?

핸드폰 어떻게 해요. 내가 한심해요."

| **문제와 존재를 구분해준다.** |
| --- |

"물건 잃어버렸다고 한심한 사람이 되는 건 아니야.
물건을 잃어버렸어도 네가 엄마의 소중한 아들이라는 건 변함없어."

............

매번 대신 챙겨줄 수도 없는데

물건 잃어버리는 습관이 고쳐지지 않는 아이를 보면 답답하다.

커서 자기 앞가림이나 제대로 할 수 있을지 걱정스럽다.

| **일부와 전체를 구분한다.** |
| --- |

핸드폰을 잃어버린 단편적인 사례만 가지고서
아이가 제 앞가림을 하지 못할 것이라고 확대해서 생각하지 않는다.

| **부정적 가능성과 긍정적 가능성을 구분한다.** |
| --- |

물건을 관리하지 못하는 습관이 계속 이어질 수도 있지만 그렇지 않을 수도 있다.
부정적인 미래에만 확신을 갖고 있는 것은 아닌지 구분해본다.

### 셋째, 행동 통제하기

"제대로 간수하지도 못하면서 무슨 핸드폰이야?

그냥 없이 살아! 너도 좀 불편하게 지내보고, 반성해야 해."

## 1. 선택의 기회를 준다.

### [1단계] 의견을 묻는다.

"아직 약정 기간이 9개월이나 남아서 해지하려면 위약금을 내야 해.
스마트폰은 기계 값도 비싸고. 그렇게까지는 엄마가 힘들어. 네 생각은 어때?"

"제 부주의니까 비싼 건 안 할게요. 싼 걸로 해주세요."

### [2단계] 안전한 선택지를 제시한다.

"스마트폰은 다 비싸. 데이터 안 되는 폴더폰이나 키즈폰은 무료야."

### [3단계] 선택과 결정은 아이가 한다.

"꼭 스마트폰을 사고 싶다면, 약정 기간 끝나고 사.
9개월 동안 핸드폰 없이 지내든지 지금 키즈폰이나 폴더폰을 하던지.
엄마는 다 괜찮으니까 네가 결정해서 알려줘."

## 2. 스스로 통제하게 한다.

"이미 잃어버린 건 별 수 없지만,
앞으로 계속 잃어버리는 일은 없어야 해. 어떻게 해야 할까?"

"엄마가 사준 크로스백에 넣고 다닐게요. 귀찮아서 안 썼는데, 필요할 것 같긴 해요."

## 3. 개선할 기회를 준다.

"앞으로는 너도 더 신경 써야 해.
이번 일을 계기로 물건 잘 챙기는 습관을 들일 수 있다면 오히려 좋은 기회야."

## 4. 자기를 해하거나 남에게 피해를 주는 일이 아니라면 다 괜찮다.

"물건 잃어버리는 걸로 큰일 안 나.
남에게 피해를 주는 일도 아니고 앞으로 잘하면 돼. 괜찮아."

## 3가지 지침 재정리

| 감정의 해석 | |
|---|---|
| **하지 말아야 할 네 가지** | **해야 할 네 가지** |
| 감정의 이유를 묻지 않는다.<br>감정의 타당성을 따지지 않는다.<br>슬퍼할 기회를 빼앗지 않는다.<br>감정의 기복에 혹독해지지 않는다. | 평정심을 갖는다.<br>감정을 해석해준다.<br>감정을 말로 표현하게 한다.<br>감정을 큰 목소리로 전하게끔 도와준다. |

| 사고의 분별 | | | |
|---|---|---|---|
| **저학년** | **고학년** | **학년 공통** | **부모** |
| 문제 vs 존재<br>친구 vs 적 | 생각 vs 태도<br>피해 의식 vs 피해 사실 | 일부 vs 전부<br>감정 vs 행동 | 부정적 가능성<br>vs 긍정적 가능성<br>훈육 vs 비난 |

| 행동의 통제 |
|---|

1. 선택의 기회를 준다.

2. 스스로 통제하게 한다.

3. 개선할 기회를 준다.

4. 자기를 해하거나 남에게 피해를 주는 일이 아니라면 다 괜찮다.

## 첫 번째 오해, "손 놓고 있는 엄마의 변명이다"

아이를 믿어주고, 아이 스스로 해보게 하는 것도 좋아요. 그런데 가끔 아이의 자존 감을 키워준다면서 손 놓고 있는 것은 아닌지 걱정돼요. 아이를 믿는다고 그냥 보 고만 있는 게 맞는 것인지 걱정됩니다. 엄마가 편하고자 하는 변명처럼 느껴져요.

### 엄마의 유능감은 누구를 위한 것일까?

한 걸음 물러서서 기다리는 게 아이를 방치하는 것 같고, 적극적으로 나서서 해결해주면 유능한 엄마인 것 같은 심정에는 나도 공감한다.

그러나 자존감은 스스로에게 내리는 자기 평가다. 아이의 자존감은 독립적으로 자신의 과제를 해결하면서 자라난다. 엄마가 문제를 대신 해결해주는 것은 '아이의 자존감'보다 '엄마의 자존감'을 높이는 쪽에 가깝다. 나는 유능한 엄마다, 내가 아이를 위해 이만큼 했다는 엄마의 만족감과 자기 위안도 있다.

### 불안한 엄마는 해결한다

불안한 엄마들은 아이를 남의 집에 보내 놓고도 안절부절못한다. "인사 잘해라"부터 "어질렀으면 치우고 와라"까지 일장 연설을 늘어놓 는 이유다.

"친구한테 왜 그렇게 말해? 예쁘게 말해야지."

"친구는 우리 집에 온 손님이야. 자꾸 너 하고 싶은 대로 하면 안 되지. 빨리 양보해!"

"왜 걔는 매번 너한테 못되게 말을 하니? 앞으로는 집에 데리고 오지 마."

놀다가 소소한 다툼이 생길 수도 있고, 누군가는 울 수도 있다. 그게 불안하다고 엄마가 해결사가 된다면, 아이들은 문제를 스스로 해결해 나가는 법을 터득할 수 없다. 서로 부딪히며 자연스럽게 사회성을 익혀 가는 게 가장 좋다.

### 믿어주는 엄마는 격려한다

초등학교 1학년이라면 친구끼리 약속을 잡아 노는 것은 조금 이르다. 서로의 스케줄도 맞춰야 하고 장소도 정해야 하고 누군가가 늦게 나올 경우 어느 정도 기다려야 하는지도 알아야 하는데, 그런 돌발 상황을 다루기에는 아직 미숙하기 때문이다.

저학년 때까지는 일단 엄마들끼리 약속을 잡아주고, 시간과 장소를 알려주는 등의 도움이 필요하다. 하지만 아이의 친구관계를 대할 때 필요한 엄마의 노력과 역할은 거기까지다. 그 다음 과정부터는 아이가 해야 할 일이다. 아이에게 도움이 필요할 때가 언제인지를 주의 깊게 관찰하며, 엄마의 개입과 통제가 불필요한 간섭이 되지 않도록 불안을 다스려야 한다.

엄마가 할 수 있는 일이라면 뭐든 다 해주는 것도 사랑이지만, 대신 해주지 않고 아이를 믿어주는 것도 사랑이다. 격려하고 기다리며 아이에게 스스로 헤쳐 나갈 기회를 주는 것. 그것이 바로 엄마표 자존감 교육의 핵심이다.

### 두 번째 오해, "거절 경험이 자존감을 떨어뜨린다"

유치원 때까지 누구와도 잘 놀았던 아이가 초등학교 입학 후 소외감을 겪고 나서는 쭈뼛거리며 친구들에게 다가서지를 못합니다. 친구들 사이에서 거절을 겪으며 자존감이 낮아진 것은 아닌지 가슴이 아픕니다. 엄마표 자존감 교육법의 관점에서는 거절도 나쁘지 않다고 하지만, 기죽은 아이를 보면 안타깝기만 합니다. 거절당하지 않도록 막아주는 것도 아이의 자존감을 지키는 방법이 아닐까요?

자존감은 성취를 얻고 실패를 이기는 경험을 통해서 천천히 자란다. 단숨에 자라지도 않지만 그렇게 자란 자존감은 한 번에 꺾이지도 않는다. 1학년 때 드높았던 자존감이 2학년 때 몇 번의 거절을 경험해봤다고 해서 뚝 떨어지지 않는다. 거절의 상처를 다독이고 이겨내는 과정에서는 누구나 의기소침해질 수 있다. 하지만 상처를 딛고 일어나면 자존감은 그만큼 더 단단해진다.

### 실패 결핍과 성공 과잉, '경험 불균형'인 아이들

거절을 경험해볼 필요도 있다고 이야기하는 이유는, 예전에 비해

요즘 아이들의 거절 경험이 월등히 적어졌기 때문이다. 아이에게 친구를 만들어주고, 선행 학습을 시키며 모든 면에서 뒤처지지 않도록 최대한 도와주는 분위기 때문에 성공은 넘치지만 거절을 이겨내는 경험은 줄어들었다.

하지만 거절은 오히려 마음을 굳건하게 만드는 계기가 되기도 한다. 겪어야 깨닫는다. 거절도 당해보고 이겨내 봐야 거절에 대한 두려움이 없어진다.

'내가 싫은 게 아니라, 지금은 나랑 놀고 싶지 않다는 뜻인 거야.'

'나의 존재를 거절하는 게 아니라, 나랑 성향이 달라서 그래.'

건강한 태도로 거절을 이겨낼 수 있게 하는 것이 엄마표 자존감 교육의 목표다.

소외감을 겪은 아이는 위축되고, 기죽은 아이를 보는 엄마의 마음은 무너진다. 그러나 상처 없는 인생은 없다. 자존감이 강한 사람은 상처 없는 사람이 아니라, 상처를 이겨낸 사람이다. 상처가 아물면 새살이 돋아나듯 거절을 이겨내면 아이의 자존감은 자라날 것이다.

## 아이는 실패를 이겨내고,
## 엄마는 불안을 이겨내고

초등학교 3학년 딸아이가 회장 선거에 나갔다. 2학년 때까지는 학급 대표를 뽑지 않기 때문에 이번 선거가 아이에게는 첫 도전이었다. 도움이 필요하냐는 물음에, 아이는 자기 힘으로 해보겠다고 했고 아니나 다를까 선거에서 뚝 떨어졌다.

초등학교 선거에서 '말하기'의 영향력은 절대적이다. 이제 3학년, 게다가 첫 학급 회장 선거에서 엄마의 도움 없이 아이가 능숙하게 선거 멘트를 하기란 어렵다는 걸 나는 누구보다 잘 알았다. 도움을 원하지는 않았지만 그래도 적극적으로 설득해서 도와주었더라면 결과가 바뀌지 않았을까 하는 생각에 잠시 후회도 되었다.

"기쁨아, 너 2학기 때 회장 선거 나가면 엄마가 소견문 써줄게."

"왜?"

"그게 결정적이야. 엄마가 초등학교 선생님이잖아. 친구들한테 꽂히는 소견문이 뭔지 엄마가 안다니까. 딱 뽑히게 써줄 테니까 같이 연습하자."

"아 그냥… 괜찮아, 엄마."

"너, 회장 하고 싶다며. 다음번에도 하고 싶다고 했잖아."

"좀… 불공평해. 선생님인 엄마가 도와줘서 회장 하는 거면."

"뭐가 불공평해? 다른 엄마들도 도와줘. 아직 어리니까 엄마가 뒤에서 연습도 시키고 멘트도 많이 써주는 거야."

"티나. 저건 엄마가 쓴 거다. 듣다 보면 티가 나지."

"티 안 나. 절대. 티 안 나게 애들 눈높이에서 써줄게."

"아, 싫어. 그런 거 좀 웃겨."

"뭐가 웃겨?"

"내 마음을 담아야 할 일에 엄마 마음을 담는 게 웃기지. 자기 마음이 아닌 건 결국 티가 나잖아."

"네가 회장 하고 싶다니까 그렇지. 도움 없이 되기란 쉽지 않으니까. 다음번에도 도전하겠다고 하니까 도와준다는 거야."

"그렇긴 한데, 안 돼도 별 수 없지. 내 마음을 담아서 친구들한테 뽑아 달라고 하는 거지, 엄마 마음을 대신 말하고 싶지는 않아. 내 마음을 담을 일에, 왜 엄마 마음을 담아? 그렇게 해서 회장이 되도 그건 엄마가 한 거잖아. 내가 한 게 아니라 엄마가 한 거지."

그동안 나는 학급 임원 선거를 수없이 지켜봤고, 어떻게 소견 발표를 해야 뽑히는지 잘 알고 있었다. 그만큼 멋진 소견문을 써줄 수도 있었다. 하지만 딸은 엄마가 만들어주는 성공 대신 스스로 시행착오를 겪는 쪽을 선택했다.

할 수 있는 일을 대신 해주지 않는다는 원칙은, 아이가 무수히 많은 실패를 겪는 걸 옆에서 지켜보게 될 거라는 뜻이기도 하다. 내가 이 원칙을 지키는 동안, 아마도 딸아이는 수많은 실패와 실수를 경험할 것이다.

하지만 아이는 엄마보다 긴 삶을, 엄마 없이 살아야 한다. 엄마가 아이 곁에서 영원히 살 수는 없다. 그렇기에 내가 보호자로 있을 동안 아이가 많은 실패를 겪고 그것을 이겨나가기를 바란다.

고난 없는 삶은 없고 어려움은 예고 없이 찾아온다. 내게는 아이 인생의 고비를 다 막아줄 힘이 없다. 그러나 아이가 힘들 때 기댈 수 있는 그늘이 되어줄 수는 있다. 어떤 일은 조금 힘들고 어떤 일은 많이 힘들 테지만, 엄마의 품에서 격려를 받으며 좌절하지 않기를 바란다. 엄마가 곁에 없는 순간에도, 엄마에게서 받은 위로는 매순간 되살아나 아이를 일으켜 세워줄 것이라고 믿는다.

오늘도 나는 아이의 실패에 담대하며 아이를 향한 흔들림 없는 믿음을 가질 것을, 아이의 삶을 대신 살아주겠다고 두 팔 걷어붙이는 엄마가 되지 않기를 다짐해본다.

**불안을 이기는 엄마가 아이의 자존감을 키운다**

# 초등 자존감 수업

**초판 1쇄 발행** 2019년 9월 23일
**초판 15쇄 발행** 2023년 4월 25일

**지은이** 윤지영(오뚝이샘)
**펴낸이** 민혜영
**펴낸곳** (주)카시오페아 출판사
**주소** 서울시 마포구 월드컵북로 402, 906호(상암동 KGIT센터)
**전화** 02-303-5580 | **팩스** 02-2179-8768
**홈페이지** www.cassiopeiabook.com | **전자우편** editor@cassiopeiabook.com
**출판등록** 2012년 12월 27일 제2014-000277호
**편집1** 이수민, 최희윤 | **편집2** 최형욱, 양다은 | **디자인** 최예슬
**마케팅** 신혜진, 조효진, 이애주, 이서우 | **경영관리** 장은옥
**외주편집** 정지영 | **외주디자인** 어나더페이퍼. 이희영

ⓒ윤지영, 2019
ISBN 979-11-88674-85-5 03590

이 도서의 국립중앙도서관 출판시도서목록 CIP은 서지정보유통지원시스템 홈페이지(http://seoji.nl.go.kr와
국가자료공동목록시스템 http://www.nl.go.kr/kolisnet에서 이용하실 수 있습니다.
CIP제어번호. CIP2019033001

• 잘못된 책은 구입한 곳에서 바꾸어 드립니다.
• 책값은 뒤표지에 있습니다.